KB194275

500

애피타이저

500

애피타이저

여러분에게 꼭 필요한 애피타이저 요리지침서

수잔나 블레이크 지음
정원식 옮김

skbooks

500 **애피타이저 저**

A Quintet Book
Copyright © 2007 Quintet Publishing Limited.

Korean translation copyright © 2013 by Sekyung Publishing Co., Ltd.
Korean translation rights arranged with Quintet Publishing,
a division of Quarto Publishing Plc through EYA(Eric Yang Agency).

이 책의 한국어판 저작권은 EYA(Eric Yang Agency)를 통한
Quarto Publishing Plc 사와의 독점계약으로 '도서출판 세경'이 소유합니
다. 저작권법에 의하여 한국 내에서 보호를 받는 저작물이므로 무단전
재와 복제를 금합니다.

ISBN : 978-89-97212-32-3 13590

펴낸곳 / 도서출판 세경(skb ooks)
펴낸이 / 이은경
지은이 / 수잔나 블레이크
옮긴이 / 정원식
초판발행 / 2013년 4월 1일
서울시 서초구 반포본동 1313번지 반포프라자 403호
전화 : 02-596-3596
팩스 : 02-596-3597
등록일 / 제22-2872호
값 15,000원

이 도서의 국립중앙도서관 출판시도서목록(CIP)은
e-CIP홈페이지(http://www.nl.go.kr/ecip)와
국가자료공동목록시스템(http://www.nl.go.kr/kolisnet)
에서 이용하실 수 있습니다.(CIP제어번호: CIP2012004503)

목차

서 언

애피타이저는 아주 다양하지만 그 이름으로 알 수 있듯이 모두 다 식욕을 돋우고 미각을 자극하는 본연의 역할을 잘 해내는 요리이다. 식사 전에 간단한 음료와 함께 조금씩 먹는 땅콩, 세련된 반주와 곁들여 내는 우아한 칵테일 카나페, 또는 테이블에 앉아 맛보는 기막힌 스타터가 모두 같은 역할을 하고 있다. 애피타이저는 입에 침이 고이게 하고, 손님의 긴장을 풀어 주며, 화기애애한 분위기를 만드는 데 도움을 준다. 또 주요리가 나올 때까지 허기진 배를 달래주지만 절대 식욕을 저하시키지 않고, 대신 앞으로 나올 요리에 대한 기대감을 높이는 역할을 한다.

세계적인 애피타이저

전 세계적으로 셀 수 없는 한입거리 소품의 애피타이저가 있다. 어떤 것은 전통에 따라 식사 중간에 스낵으로 제공되기 때문에 그 역할을 온전히 해내지 못하는 반면, 어떤 것은 식욕을 이끌어내는 몫을 충실히 해낸다. 프랑스의 애피타이저인 아뮤즈 부쉐(amuse bouches)는 첫 번째 코스요리가 도착하기 전에 모든 사람의 미각을 자극하는 아주 작은 한입거리 소품이다. 대부분 아름답게 장식해서 내는 이 작은 애피타이저는 미니 크로스티니부터 한 스푼 정도의 수프까지 다양하며, 여러분을 유혹하기에 충분하다.

또 프랑스에서는 전통적으로 식사를 시작할 때 종류별로 조금씩 모아 놓은 오르되브르를 제공하는데, 보통 차갑게 해서 낸다. 오르되브르에는 돼지고기와 채소샐러드부터 훈제생선, 앤초비, 올리브까지 모든 것이 포함될 수 있으며, 하나의 접시나 받침판에 모두 올려 제공한다. 이와 비슷하게 이탈리아에도 안티파스티(antipasti)라는 첫 번째 정통코스가 있다. 안티파스티는 문자 그대로 "파스타 이전"이라는 의미이다. 여기에는 마늘과 올리브유를 곁들인 가장 간단한 브루스케타나, 바삭하고 노릇노릇한 폴렌타, 크림 버섯을 올린 크로스티니, 숯불에 구운 양념채소, 간단한 모짜렐라 토마토 바질 샐러드, 속을 채워 구운 홍합, 아주 얇은 프로슈토 슬라이스와 같이 맛있는 세이버리가 포함된다.

스페인과 중동에는 타파스와 메제가 있다. 음료와 함께 약간의 스낵을 곁들이는 전통적인 음식으로 애피타이저로 내도 완벽하다. 스페인에서 타파스는 바에서 제공된다. 때로는 음료를 주문할 때마다 곁들여 나오기도 하지만, 어떤 바에서는 주문해야 한다. 종종 짭짤하기도 하지만(올리브, 앤초비, 또는 매콤하게 구운 작은 초리조 조각), 셰리주나 차가운 맥주 한 잔과 잘 어울릴 뿐만 아니라 술을 부담 없이 마실 수 있도록 해준다. 타파스의 종류는 엄청나게 많으며, 전통적으로 매콤한 구운 감자부터 조각 토르띠야, 간편한 샐러드와 환상적인 해산물까지 다양하다.

반면, 메제는 보통 집에서 손님접대용으로 내는 다양한 스낵이다. 메제(meze)라는 단어는 페르시아어 'maz'에서 파생된 것으로 "맛" 또는 "즐기다"란 의미이다. 이 전통 요리는 터키에서 그리스, 레바논과 북아프리카 전체로 퍼져나갔다. 일반적으로 메제는 간단한 올리브나 치즈 조각부터 타라마살라타, 차스키, 후무스와 같은 딥, 타볼레와 같은 샐러드, 팔라펠과 페스트리 같은 기본적인 스낵까지 다양하다. 한 가지 또는 여러 가지를 조금씩 골라 담아 손님에게 대접할 수 있다.

아시아에도 아주 맛있는 전통 스낵이 있다. 모양이 굉장히 아름다운 일본 스시는 눈과 입을 즐겁게 해주며, 크기가 작기 때문에 술을 마시면서 얘기를 나눌 때에도 한입에 먹기에 완벽하다. 마찬가지로 중국의 딤섬은 소화액 분비를 촉진시키는 이상적인 음식이다. 전통적으로 딤섬은 찻집에서 제공되는데, 스페인의 바에 가서 타파스에 곁들여 나오는 것을 주문할 필요는 없듯이 찻집에서도 따로 주문할 필요가 없다. 마지막으로 전통 거리음식이 있는데, 인도의 사모사와 파코라부터 태국의 어육완자, 인도네시아의 사테이, 베트남의 소금과 후추를 친 오징어까지 아시아 전역의 거리에서 팔고 있다.

조리기구

애피타이저의 종류에 따라 일상적인 주방기구인 날 선 식칼이나 도마, 믹싱 볼과 스푼, 계량 스푼, 컵, 저울, 구이판과 팬, 와이어 랙, 푸드 프로세서 또는 블렌더 외의 특별한 기구가 필요치 않다. 단, 스시와 같은 몇 가지 애피타이저는 특별한 기구(스시 롤을 말 때 사용하는 스시매트)가 필요하다. 내는 방법도 중요하다. 아름답게 모양을 내면 음식의 향과 함께 시각과 후각을 모두 자극해 저절로 군침이 고이게 하는 데 중요한 역할을 한다.

차림용 그릇과 접시

특히 카나페, 칵테일 스낵, 딥과 디퍼에 중요하다.

• 크고 평평한 접시는 작은 파이, 피자 스퀘어(pizza square), 꼬치를 내는 데 알맞다.
• 작은 그릇을 담을 정도로 커다란 접시 또는 얕은 그릇은 딥과 디퍼를 내는 데 적합하다.
• 작은 그릇은 올리브, 견과, 칵테일 크래커를 내는 데 이상적이다.

개인용 접시와 그릇

샐러드와 달콤한 파이인 타르트 같이 테이블에서 즐기는 애피타이저를 개인용 접시에 담으면 다양한 모양을 낼 수 있다. 일반적으로 작은 접시 또는 개인용 그릇에 담아내는 샐러드는 커다란 그릇에 한꺼번에 담아 테이블 위에 놓고 스푼으로 떠먹는 것보다 훨씬 더 편리하다.

여러 개의 작은 접시에 조금씩 담아내는 타파스나 메제의 경우 개인용 접시와 함께 작은 차림용 그릇이 더 필요하다.

꼬치, 이쑤시개와 스틱

사테이나 케밥에는 반드시 필요하고, 소금 후추 오징어나 양념올리브와 같이 꼬치에 꿰어 "손이 가는" 또는 다루기 곤란한 음식을 먹는 데도 도움이 된다. 가장 간단한 대나무 형태부터 손잡이에 장식을 한 금속 꼬치까지 다양한 종류의 꼬치를 사용할 수 있다. 음식 한 점을 골라 먹는 데 사용하는 가장 간단한 도구는 칵테일 스틱이나 이쑤시개이다 — 음료와 함께 제공되는 단순한 재료를 우아한 애피타이저로 바꾸어주는 매력적인 것이다.

냅킨

냅킨은 끈적끈적하거나 기름이 묻은 손을 닦고, 두세 입 크기의 커다란 스낵을 쥐고 먹는 데 필요하다. 피자 스퀘어나 닭날개 튀김을 먹는 중간중간 대화하면서 냅킨을 사용하면 훨씬 편리하다. 종이 냅킨은 음료와 함께 나오는 애피타이저에는 모두 적합하지만 격식 있는 자리에서는 리넨을 사용하는 것이 더 좋다.

찌꺼기용 그릇

올리브씨, 꼬치 또는 닭 뼈와 같이 손님이 먹다 남긴 음식물을 담을 여분의 그릇을 준비해 안 보이는 위치에 놓아두도록 한다. 이 같은 음식물은 즉시 치우지 않고 놓아두어야 파티가 계속 진행될 수 있고, 사교적인 대화가 부드럽게 이어진다. 따라서 손님이 실례를 범하지 않고 남은 술안주용 스틱을 어떻게 버릴까하는 걱정을 없애주어야 한다.

화려한 고명

고명은 시각적인 매력을 더해주는 것으로 향이 좋고 맛이 있어야 한다. 신선한 허브는 수프, 카나페 또는 메제에 흩뿌려 얹어도 좋은 비상용 고명이다. 잘게 썬 쪽파, 오레가노의 잔가지나 향기로운 잎, 얇게 저민 오이나 반으로 자른 방울토마토, 레몬 트위스트나 훈제 연어, 또는 소량의 캐비아는 카나페를 아주 보기 좋게 바꾸어주는 간단한 마무리용으로 사용할 수 있다. 애피타이저를 미리 준비해 놓고 내기 전에 바로 올리거나 붓고 뿌리면 거부할 수 없을 정도로 매혹적인 애피타이저를 대접할 수 있다.

완벽한 애피타이저 만들기

완벽한 애피타이저를 만드는 데는 몇 가지 요령이 있다. 중요한 것은 상황에 따라 적당한 애피타이저를 선택하는 것이다. 우아한 디너파티를 원하고 손님에게 강한 인상을 주고 싶은가? 아니면 좀 더 평범하고 격식에 얽매이지 않은 일상적인 자리인가? 무엇이든 상관없이 먹는 호쾌한 사람들을 초대했는가? 아니면 좋아하는 음식을 먹기 원하는 친숙한 손위 친척들이 손님 명단에 포함되어 있는가? 눈에 보이는 것은 무엇이든 먹는 허기진 십대들을 즐겁게 할 것인가? 이 책에는 접대 대상이 누구든 간에 그들을 행복하게 해주기 위해 모든 상황에 걸맞는 흥미롭고 맛있는 아이디어가 가득 차 있다.

격식 있는 자리를 위해서는 군침이 도는 샐러드와 우아한 스타터를 다루는 장을 보기 바란다. 모든 요리는 맛있고 멋지게 장식되어 있고, 심지어 안목이 높은 손님에게조차도 강한 인상을 남길 수 있다고 보장한다. 일상적인 경우에는 간단한 딥, 칩, 스틱을 낸다. 음료와 함께 내거나 격식 없는 자리에 적당하다. 이국적인 맛을 원한다면 접시를 가득 채운 메제나 아시아식 스낵에 비할 것이 없다. 보다 평범한 맛을 원하는 사람들에게는 간단한 칩과 딥 또는 신선한 잎으로 만든 가벼운 샐러드가 즐기기에 더 좋다.

적당한 타이밍 맞추기

완벽한 애피타이저를 만들기 위한 또 다른 요령은 타이밍을 맞추는 것이다. 손님이 즐기고 있는 동안 누가 주방에서 일하고 싶을까? 여러분, 즉 요리사에게 맞는 애피타이저를 선택한다. 주방 테이블에서 접대하고 있다면 요리하는 동안 얘기를 나누는 것도 재미있겠지만, 다른 장소에서 함께 즐기기를 원한다면 요리를 미리 준비해두거나 내기 바로 전에 완성한다.

대부분의 딥은 냉장고에 보관해두어 내기 전에 빨리 휘저어 섞고, 꼬치는 굽기 전까지 양념을 하지 않고 보관한다. 샐러드는 내기 바로 전에 섞어서 드레싱을 붓는다. 미리 준비해놓은 대부분의 토핑과 베이스는 마지막 단계에서 섞는다.

또 애피타이저는 코스요리 중 하나일 뿐이며, 곧 이어 다른 요리가 나온다는 것을 기억하는 것이 무엇보다 가장 중요하다. 따라서 인상적이지만 번거롭지 않은 애피타이저를 고르는 것이 모든 사람을 행복하게 하고, 여러분을 메인 코스와 디저트를 만드는 데 집중할 수 있게 한다.

모양내기와 간편하게 꾸미기

완벽하게 꾸미는 것이 비결이다. 꾸밀 때 중요한 것은 상황에 맞게 접시를 장식하거나 또는 아무런 장식을 하지 않을 수도 있다. 가족끼리 집어 먹을 수 있도록 커다란 바구니에 담아 식탁 위에 올려놓은 닭날개는 손이 많이 가지 않으면서도 마음을 편안하게 해주는 최상의 애피타이저이다. 이와는 반대로 간단한 드레싱을 뿌려 뒤적인 샐러드를 접시에 담고, 그 위에 따뜻한 닭날개 몇 개를 얹으면 최소한의 노력으로 강한 인상을 남기는 애피타이저가 된다.

접시에 카나페 서너 개를 따뜻하게 해서 시금치 잎 약간을 얹고 오일을 조금 부으면 식사 전에 먹는 술안주가 아닌 품격 있는 스타터를 만들 수 있다. 메제, 타파스와 아시아 음식은 이러한 방식으로 만들어진다. 치킨 사테이와 개인용 작은 사테이 소스 그릇을 곁들인 간단한 샐러드는 땅콩 소스를 큰 그릇에 담아 곁들인 사테이와는 전혀 다른 형태이며, 모든 사람들이 반주를 홀짝이면서 먹을 수 있는 애피타이저이다.

여러 나라의 음식으로 이국적인 연회를 열기 원한다면 메제, 타파스나 아시아 스낵을 선택해도 좋다. 쿠스쿠스를 곁들인 모로코의 타진을 메인 코스로, 장미향 아이스크림을 간단한 디저트로 선택하면 애피타이저로 메제를 선택하는 것이 좋다. 환상적인 해산물 파에야와 정통 스페인 디저트인 크레마 까딸라나를 내기 전에는 맛보기용 타파스를 조금씩 낸다. 아시아 거리음식인 스낵은 음료와 간단한 딥과 함께 내도 좋고, 드리즐 소스와 간단한 오이 샐러드 또는 붉은 양파 렐리시를 함께 접시에 담아내도 좋은 최고의 애피타이저이다.

요령을 발휘하는 것은 재미도 쏠쏠하다. 창의적인 솜씨를 발휘하면 자신 있고 가장 좋아하고 맛있는 음식을 어떤 상황에도 어울리게 바꿀 수 있다.

즉석 애피타이저

요리법에 따를 수도 있지만 즉석에서 생각해 낸 환상적인 애피타이저들 중에서 고를 수도 있다. 그러면 거의 아무런 노력을 들이지 않고 최고의 호스트 반열에 오르게 될 것이다.

간편 딥

슈퍼마켓에서는 신선한 살사부터 크리미 클래식과 과카몰리, 타라마살라타, 후무스와 같은 간단한 기호품까지 다양하고 맛있는 딥을 미리 만들어 판다. 즉석에서 한 통 사서 그릇에 스푼으로 떠 넣고 약간의 디퍼와 함께 내면 할 일을 다 한 것이다.

여러분만의 초간편 딥을 만들고 싶다면 질이 좋은 마요네즈, 생크림, 사워크림 또는 플레인 요구르트와 같이 간단한 베이스를 택한다. 잘게 썬 신선한 허브, 레몬껍질, 페스토 한두 스푼 또는 바순 블루치즈를 휘저어 섞어 간편 딥을 만든다. 또 다바스코 소스, 곱게 썬 파, 케이퍼, 으깬 앤초비, 또는 마늘을 섞어도 좋다.

간편 디퍼

모든 딥에는 디퍼가 필요하다. 시중에서 파는 짭짤한 스낵은 그 자체로도 좋지만 딥에 찍어 먹어도 좋다. 손님이 도착하면 봉지를 열고 그릇에 담아서 낸다. 이보다 간단한 것이 있을까? 흥미를 이끌어 내기 위해 희귀한 감자 칩을 구한다. 손님들은 여러분이 슈퍼마켓에서 파는 평범한 것이 아니라 그들을 위해 특별한 스낵을 찾았다는 사실에 강한 인상을 받을 것이다.

그 외 일반적인 디퍼에는 약하게 굽거나 요리하지 않은 기다란 피타 빵도 포함된다. 바삭한 이탈리아 막대 빵은 아이나 어른 모두가 좋아한다. 토르띠야 칩과 미니 포파덤은 그것이 멕시코 살사든 향긋한 인도 렐리시든 간에 담가 먹는 용도나 토핑으로 가장 적합하다. 경우에 따라 화려한 토핑을 곁들여 한입거리 소품이나 간단한 스낵으로 바꾼다.

생채소 스틱은 찍어 먹거나 담가 먹는 데 이상적이며, 신선하고 건강에 이롭다. 브로콜리와 콜리플라워, 방울토마토도 사용할 수 있다. 미리 채소 스틱을 준비해야 한다면 그릇에 담고 마르지 않도록 비닐 랩으로 싼 다음 필요할 때까지 냉장고에 보관한다.

간단한 안주

술과 함께 내는 안주는 잠깐만 신경 쓰면 만들 수 있다. 델리 카운터에서 사는 올리브 한 접시나 양념된 앤초비, 꿀을 묻혀 구운 견과류 한 봉지 또는 이국적인 치즈 크래커 한 접시가 여러분에게 필요한 모든 것이다. 중요한 것은 장식이다.

카나페를 만드는 손쉬운 방법

카나페는 전통적으로 빵 위에 얹어 낸다. 아무런 사전 준비 없이 깜짝 놀랄 정도로 훌륭한 자신만의 애피타이저를 손쉽게 만들 수 있다.

- 호밀흑빵도 훌륭한 베이스이다. 네모나게 자르거나 쿠키 커터를 사용해서 한입거리로 둥글게 자른다. 그 다음 여러분이 선택한 토핑을 얹는다. 이 방법은 구운 빵을 이용할 수도 있다. 결과는 놀라울 정도지만 노력은 전혀 들어가지 않는다.
- 밀가루 토르띠야는 번거롭지 않게 준비할 수 있는 또 다른 베이스이다. 크림치즈와 같이 얇은 층의 소를 바르고 훈제 연어를 추가한다. 다음에 단단하게 돌려 만 후 톱날 칼로 한 접시 그득하게 작은 바람개비 모양을 만든다. 또는 토르띠야를 2등분이나 4등분해서 조각을 말아 작은 콘을 만든 다음 여러분이 선택한 소를 채운다.

간편한 재료

- 숯불에 굽거나 로스구이 한 채소는 올리브유에 담긴 병으로 구할 수 있다. 첫 번째 코스로는 맛이 아주 좋으며 시간을 절약해 준다. 아티초크 웨지와 구운 피망 트위스트를 카나페 위에 얹으면 보기에도 좋으며, 샐러드에 넣을 수도 있다. 이탈리아의 안티파스티에도 눈을 돌려보자. 채소는 평범한 스타터에 변화를 주는 감칠맛 나는 양념과 함께 주로 병에 담겨 있다.

- 케이퍼는 맛이 상당히 좋으며, 카나페 위에 얹거나 샐러드에 뿌리면 평범한 고명보다 더 이국적으로 보인다.

- 폴렌타 크리스티니를 만들려면, 미리 만들어 파는 폴렌타 한 덩어리를 사서 자른 후 기름을 바르고 바삭해질 때까지 굽거나 튀겨서 토핑을 한다.

- 병아리콩과 다른 콩류는 건강에 좋은 딥을 만들기에 가장 좋다. 물에 담가서 몇 시간 동안 끓이는 노력 대신 통조림에 든 것을 산다. 즙을 빼고 조미료와 함께 푸드 프로세서에 넣고 잠깐 작동시켜 퓌레로 만들면 아주 맛있는 딥이 완성된다.

- 페스트리를 미리 말아놓으면 바쁜 요리시간에 더욱 요긴하게 쓸 수 있다. 봉지에서 꺼내 원하는 모양대로 잘라서 토핑을 얹은 후 굽는다. 이보다 간단한 것이 있을까?

- 작은 피타 빵을 즉석 피자로 쓸 수 있다. 피자 소스를 위에 뿌리고 치즈를 얹은 후 노릇해질 때까지 10분 동안 굽는다.

- 인도의 난을 타원형 피자로 바꿀 수 있다. 부채꼴 모양으로 잘라 허기진 사람들에게 나누어 준다.

- 샐러드를 만들기 위해 미리 준비된 것을 산다. 여러 가지를 골고루 섞어 미리 만들어 놓은 것이 많기 때문에 직접 만드는 것보다 훨씬 편리하다. 보통 크기의 팩이 애피타이저 4개를 만드는 데 적당하고, 이 책에 나오는 대부분의 요리법에서 사용된다.

칩과 스틱

만들기 쉬운 한입거리 소품으로 바삭한 만족감을 느끼게 해준다. 가장 어린 파티 손님이라도 분명히 즐거워할 것이다. 손님마다 각각 제공하고, 만들어 파는 딥 한 통을 사거나 다음 장에 나오는 맛있는 딥 중 하나와 함께 내면 된다. 이보다 더 간단한 것이 있을까?

호두와 토마토 비스코티

응용은 38쪽을 보세요.

두 번 구운 전통 이탈리아 비스킷을 응용한 비스코티 * 는 짭짤한 한입거리로 아주 바삭하다. 길고 얇은 모양은 딥에 적셔 먹으면 완벽하다.

버터 55g(4큰술), 실온으로
달걀 2개, 가볍게 휘젓는다.
베이킹파우더가 든 밀가루 115g, 1컵
옥수수가루 55g($\frac{1}{2}$컵)

오일에 담은 선-드라이 토마토 55g(약 10개),
즙을 빼고 잘게 썬다.
호두 55g($\frac{1}{2}$컵), 잘게 썬다.

오븐을 180℃까지 예열하고 구이판에 기름을 조금 바른 후 밀가루를 입힌다.

버터가 부드러워지고 크림처럼 될 때까지 치댄 다음 한 번에 조금씩 달걀에 넣는다. 밀가루와 옥수수가루를 체로 쳐서 버터 혼합물 위에 뿌린 다음 금속 스푼을 이용해 부드럽게 섞는다. 선-드라이 토마토와 호두를 넣고 휘저어 섞는다.

혼합물을 구이판에 나누어 담고 각각 18×7.5cm 정도의 널찍한 덩어리 모양으로 만든다. 그리고 약 20분 동안 약간 노릇해질 때까지 굽는다. 받침판으로 옮긴다.

톱날 칼을 사용해서 1.3cm 두께의 슬라이스로 자른다. 슬라이스를 구이판에 배열하고 바삭해지고 노릇해질 때까지 10분 더 요리한다. 와이어 랙으로 옮겨 식힌다.

* 비스코티(biscotti) : 밀가루에 버터, 달걀, 설탕 등을 넣어 만든 부드러운 과자. 비스코티는 이탈리아어로 '두 번 굽는다'라는 뜻으로 영국에서는 비스킷, 미국에서는 쿠키라고 한다.

약 24개 분량

파르메산 튀일

응용은 39쪽을 보세요.

입에서 살살 녹는 웨이퍼로 아주 만들기 쉽고, 아삭아삭 먹거나 부드러운 딥에 찍어 먹기에 가장 좋다. 밀폐용기에 담으면 며칠 동안 저장할 수 있다.

파르메산 치즈 115g(1½컵), 강판에 간다.

오븐을 200℃까지 예열한다. 눌어붙지 않는 황산지를 구이판 2개에 깔아놓는다.

스푼으로 치즈 덩어리를 조금 떠서 간격을 유지해서 구이판에 놓고, 스푼의 뒷면으로 평평하게 눌러 원형을 만든다.

파르메산 치즈가 노릇해질 때까지 약 5분 동안 굽는다. 굳어지도록 구이판에 약 1분가량 그대로 놔둔다. 팔레트 나이프로 종이에서 튀일을 조심스럽게 분리하고 밀방망이로 만다. 와이어랙에 얹어 완전히 식도록 한다.

약 10개 분량

모짜렐라와 바질 퀘사디아 웨지

응용은 40쪽을 보세요.

애간장을 녹이는 멕시코의 퀘사디아* 웨지는 단독으로 내거나 디핑용으로 짜릿하고 신선한 살사와 함께 낸다.

부드러운 밀가루 토르띠야 2개
모짜렐라 치즈 150g, 얇게 썬다.
고춧가루, 흩뿌림용

신선한 바질 잎 한 줌
올리브유, 바르는 용도

눌어붙지 않는 커다란 프라이팬에 올리브유를 두르고 중불로 가열한다. 토르띠야 1장을 팬에 넣고 그 위에 치즈를 늘어놓는다. 고춧가루 한두 자밤과 바질 잎을 흩뿌린다. 두 번째 토르띠야를 위에 얹는다.

토르띠야의 밑 부분이 바삭해지고 노릇해질 때까지 1~2분 동안 요리한다. 조심스럽게 뒤집어 반대쪽 면이 바삭하고 노릇해질 때까지 1~2분 더 요리한다.

팬에서 꺼내 12개의 웨지로 잘라 바로 낸다.

* 퀘사디아(quesadilla) : 토르티야를 반으로 접어 치즈를 비롯한 내용물을 넣고 구워낸 후 부채꼴 모양으로 잘라 먹는 요리

12개 분량

양귀비씨 그리시니

응용은 41쪽을 보세요.

바삭바삭한 이탈리아 막대 비스킷은 그대로 먹어도 맛있고, 톡 쏘는 딥과 함께 내도 좋다. 색다른 것을 좋아한다면 몇 가지 종류를 만들어 함께 낸다.

흰 제빵용 밀가루 200g(1¾컵)	올리브유 1큰술
말린 이스트 1작은술	따뜻한 물 ½컵
소금 ½작은술	양귀비씨 2작은술

밀가루, 이스트, 소금을 커다란 그릇에 담아 섞고 중간에 홈을 만든다. 올리브유와 물을 붓고 부드러운 도우 형태가 될 때까지 섞는다.

밀가루를 약간 뿌린 바닥에 도우를 꺼내 놓고, 5~10분 동안 부드러워지고 탄력이 생길 때까지 치댄다. 깨끗하고 커다란 그릇에 기름을 발라 도우를 넣고, 기름을 바른 비닐 랩으로 덮은 다음 1시간 동안 또는 크기가 2배가 될 때까지 부풀어 오르도록 따뜻한 장소에 놔둔다.

오븐을 200℃까지 예열하고 구이판 2개에 기름을 옅게 바른다. 밀가루를 조금 뿌린 바닥에 도우를 20×30cm의 사각형이 되도록 밀어서 펴고 1cm 폭의 조각으로 자른다. 조각들을 가볍게 말고 간격을 충분히 벌려 구이판 위에 늘어놓는다.

그리시니* 에 붓으로 물을 바르고 양귀비씨를 흩뿌린 다음 10~12분 동안, 노릇해질 때까지 굽는다. 와이어 랙으로 옮겨 식힌다.

* 그리시니(grissini) : 긴 막대 모양으로 수분함량이 적어 딱딱하지만 담백하고 짭조름한 맛이 나는 빵

약 24개 분량

허브 갈릭 피타 토스트

응용은 *42쪽*을 보세요.

바삭하고 아삭하며 기다란 빵 단독으로 또는 크림이 많이 든 딥과 함께 낸다. 흰 피타 빵이나 통밀 피타 빵을 사용할 수 있다.

올리브유 2큰술
마늘 1쪽, 으깬다.
검정 후춧가루

피타 빵 2개
잘게 썬 신선한 파슬리 1큰술

작은 그릇에 기름과 마늘을 섞고 후추로 양념을 한다. 그릴을 예열한다.

피타 빵을 수평으로 반 자르고 조심해서 벌린다. 각 조각을 3덩이로 자른다. 피타 빵 조각을 그릴 랙에 배열하고 한 면당 1~2분씩 바삭해지고 노릇해질 때까지 굽는다.

피타 빵 조각을 뒤집어서 마늘 기름을 뿌리고 두 번째 면이 바삭해지고 노릇해질 때까지 1~2분 더 굽는다. 파슬리를 흩뿌려 곧바로 낸다.

4인분

간단한 쌀국수 크리스프

응용은 43쪽을 보세요.

레이스 모양의 쌀국수 팬케이크는 식사 전에 먹는 굉장히 아름다운 스낵으로 아시아식 음식을 먹기 전에 식욕을 돋우는 데는 최고다. 단독으로 내거나, 디핑용으로 달콤한 칠리소스와 함께 낸다.

쌀 버미첼리 * 115g	샬롯 1개, 곱게 썬다.
홍고추 1개, 씨를 빼고 곱게 썬다.	소금
쿠민가루 1작은술	식물성기름, 튀김용

국수를 바수어 커다란 내열 그릇에 담고, 국수를 덮을 정도로 끓는 물을 붓는다. 5분 동안 부드러워질 때까지 그대로 놔둔다.

국수의 물을 빼고 다시 그릇에 담는다. 고추, 쿠민, 샬롯을 국수 위에 흩뿌리고 소금으로 양념을 한 다음 뒤적인다.

웍 * 에 5cm 깊이로 기름을 넣고 190℃까지, 또는 약 1분 안에 빵조각이 노릇해질 때까지 가열한다.

한꺼번에 국수 한 큰술씩 떠서 웍에 넣고 구멍이 뚫린 스푼을 이용해 평평해지도록 누른다. 바삭하고 노릇해질 때까지 약 2분 동안 요리한 뒤 꺼내서 종이타월에서 기름을 뺀다. 즉시 낸다.

* 버미첼리(vermicelli) : 아주 가느다란 이탈리아식 국수. 흔히 잘게 잘라 수프에 넣어 먹음
* 웍(wok) : 중국 음식을 볶거나 요리할 때 쓰는 우묵하게 큰 냄비

약 24개 분량

고추 치즈 막대과자

응용은 44쪽을 보세요.

바삭하고 조그만 흰 과자를 만들려면 아주 좋은 품질의 향이 강한 치즈를 고른다. 고추 맛이 나며, 손님들이 더 달라고 부탁할지도 모른다.

밀가루 115g(1컵)
버터 85g(6큰술), 차갑게 해서 네모지게 자른다.
잘 숙성된 체다치즈 85g(¾컵), 강판에 간다.

고춧가루 ½작은술
우스터소스 1작은술
파프리카, 흩뿌림용(선택사항)

밀가루와 버터를 푸드 프로세서에 넣고 혼합물이 고운 빵가루처럼 될 때까지 섞는다. 치즈, 고춧가루, 우스터소스를 추가해서 부드러운 도우를 만든다.

도우를 그릇에 눌러 담고 비닐 랩으로 감싼 다음 약간 굳을 때까지 15분 정도 차갑게 한다. 오븐을 170℃까지 예열한다.

밀가루를 약간 뿌린 바닥에 도우를 놓고 3mm 두께로 밀어서 편 다음, 폭 1.5cm, 길이 8cm의 긴 조각으로 자른다. 긴 조각을 비틀어 구이판에 놓는다.

비튼 조각을 10~15분 동안 바삭해지고 노릇해질 때까지 굽는다. 와이어 랙으로 옮긴 다음 식힌다. 원한다면 파프리카를 흩뿌려 낸다.

약 30개 분량

앤초비 크래커

매콤하고 짭짤한 한입거리로 식사 전 음료와 곁들이면 완벽하다. 거부하기 힘들 정도로 호기심을 자극하는 맛이 난다.

다목적용 밀가루 55g($\frac{1}{2}$컵)
스틱버터 55g($\frac{1}{2}$컵), 차갑게 하고 네모지게 자른다.
강판에 간 파르메산 치즈 28g($\frac{1}{3}$컵)

기름에 담긴 앤초비 4마리, 기름을 뺀다.
후춧가루 $\frac{1}{4} \sim \frac{1}{2}$작은술

밀가루, 버터, 파르메산 치즈, 앤초비, 후추를 푸드 프로세서에 넣고 혼합물이 부드러운 도우가 될 때까지 작동시킨다. 도우를 그릇에 눌러 담고 비닐 랩으로 싼 다음 약간 굳어질 때까지 15분 정도 차갑게 한다.

오븐을 200℃까지 예열하고 2개의 구이판에 기름을 조금 바른다.

밀가루를 약간 뿌린 바닥에 도우의 두께가 약 3mm가 되도록 밀어서 펴고 3cm 쿠키 커터를 이용해 둥글게 자른다. 도우에서 잘라낸 부분을 한데 모아 재활용한다.

둥글게 잘라낸 것을 구이판에 놓고 약 6분 동안 노릇해질 때까지 굽는다. 와이어 랙에 옮겨 식힌다.

약 40개 분량

비트 크리스프

응용은 46쪽을 보세요.

아주 얇은 비트로 만든 다채로운 크리스프는 만들기 쉬우며, 음료와 함께 곁들여 내면 아주 좋다. 단독으로 내거나 크림이 많이 든 딥을 작은 그릇에 담아 함께 낸다.

신선한 비트 1~2개
해바라기유, 튀김용
굵은 천일염, 흩뿌림용

비트를 다듬고 껍질을 벗긴 다음, 만돌린이나 채소 껍질 벗기는 칼을 사용하여 얇게 조각낸다. 잘 씻고 종이타월로 톡톡 두드려 말린다.

해바라기유를 팬에 $\frac{1}{3}$ 정도 차도록 충분히 붓고 190℃까지 또는 빵조각이 약 1분 안에 노릇해질 때까지 가열한다.

비트 슬라이스를 약 1분 동안 또는 바삭해질 때까지 모두 함께 튀긴다. 구멍이 나 있는 스푼으로 비트를 기름에서 건져낸 다음 와이어 랙에 얹고 종이타월 몇 장을 덮어 기름을 뺀다. 소금을 흩뿌려 즉시 낸다.

4인분

토르띠야 칩

응용은 47쪽을 보세요.

바삭한 황금색 칩을 단독으로 내거나, 매콤한 살사나 크림이 많이 든 과카몰리를 곁들여 멕시코 식으로 낸다.

부드러운 밀가루 토르띠야 2장
식물성기름, 튀김용
굵은 천일염, 흩뿌림용

토르띠야를 각각 8조각으로 자른다. 속이 깊은 프라이팬에 $\frac{2}{3}$ 정도로 기름을 붓고 약 190℃까지 또는 빵조각이 약 1분 안에 노릇해질 때까지 가열한다.

토르띠야 조각을 기름에 넣고 약 2분 동안 노릇해질 때까지 모두 함께 튀긴다. 구멍이 나 있는 스푼으로 기름에서 건져내 종이타월로 기름을 뺀다. 소금을 흩뿌려 낸다.

4인분

응용

호두와 토마토 비스코티

기본 요리법은 *19*쪽을 보세요.

호두와 크랜베리 비스코티
기본 요리법대로 준비하되 선-드라이 토마토 대신 말린 크랜베리 50g($\frac{1}{3}$컵)을 추가한다.

토마토와 호두 스파이시 비스코티
기본 요리법대로 준비하되 바수어 말린 고춧가루 $\frac{1}{2}$작은술을 토마토, 호두와 함께 추가한다.

피칸과 올리브 비스코티
기본 요리법대로 준비하되 호두 대신 피칸을 사용하고, 선-드라이 토마토 대신 씨를 빼고 굵게 썬 올리브를 사용한다.

아몬드와 칠리 비스코티
기본 요리법대로 준비하되 호두 대신 아몬드를 사용하고 바수어 말린 고춧가루 $\frac{1}{2}$작은술을 추가한다.

아몬드, 칠리와 대추야자 비스코티
기본 요리법대로 준비하되 호두 대신 아몬드를 사용하고 선-드라이 토마토는 뺀다. 말린 고춧가루 $\frac{1}{2}$작은술과 씨를 빼고 잘게 썰어 말린 대추야자 50g($\frac{1}{3}$컵)을 밀가루에 묻힌 다음 추가한다.

응용

파르메산 튀일

기본 요리법은 2/쪽을 보세요.

매콤한 파르메산 튀일
굽기 전에 파르메산 치즈 위에 말린 고춧가루 약 ½작은술을 흩뿌린다.

회향과 파르메산 튀일
굽기 전에 파르메산 치즈 위에 회향씨 약 ½작은술을 흩뿌린다.

매콤한 쿠민 튀일
굽기 전에 파르메산 치즈 위에 말린 고춧가루 한두 자밤과 쿠민씨 한 자밤을
흩뿌린다.

백리향을 곁들인 파르메산 튀일
굽기 전에 파르메산 치즈 위에 신선한 백리향 잎 ½작은술을 흩뿌린다.

세이지를 곁들인 파르메산 튀일
굽기 전에 파르메산 치즈 위에 잘게 썬 신선한 세이지 ½작은술을 흩뿌린다.

응용

모짜렐라와 바질 퀘사디아 웨지

기본 요리법은 22쪽을 보세요.

매운 할라페뇨 퀘사디아 웨지
기본 퀘사디아 요리법대로 준비하되 말린 고추와 바질 잎 대신 잘라서 병에 담은 할라페뇨 2큰술을 사용한다.

모짜렐라와 시금치 퀘사디아 웨지
기본 퀘사디아 요리법대로 준비하되 바질 잎 대신 어린 시금치 한 줌을 사용한다.

모짜렐라와 구운 피망 퀘사디아 웨지
기본 퀘사디아 요리법대로 준비하되 바질 잎 대신 자르고 구워서 병에 담은 피망 2개를 사용한다.

구운 피망, 바질과 고추를 곁들인 모짜렐라 퀘사디아 웨지
기본 퀘사디아 요리법대로 준비하되 고추, 바질과 함께 자르고 구워서 병에 담은 피망 2개를 사용한다.

모짜렐라와 선-드라이 토마토 퀘사디아 웨지
올리브유에 담아 놓은 선-드라이 토마토 4개의 즙을 빼고 자른다. 기본 퀘사디아 요리법대로 준비하되 바질 잎 대신 선-드라이 토마토를 흩뿌린다.

응용

양귀비씨 그리시니

기본 요리법은 25쪽을 보세요.

두툼한 막대빵 트위스트

기본 도우를 준비하고 밀어 편 다음 2cm의 폭으로 길게 자른다. 긴 조각을
약간 비틀어 구이판 위에 놓는다. 약 17분 동안 굽는다.

참깨 그리시니

기본 그리시니 요리법대로 준비하되 양귀비씨 대신 참깨를 사용한다.

후추 그리시니

기본 요리법대로 준비하되 양귀비씨 대신 알후추 1~2작은술을 으깨어 사용
한다.

파르메산 치즈 그리시니

기본 요리법대로 준비하되 양귀비씨 대신 갓 강판에 간 파르메산 치즈 약 2
큰술을 사용한다.

회향씨 그리시니

기본 요리법대로 준비하되 양귀비씨 대신 회향씨를 사용한다.

응용

허브 갈릭 피타 토스트

기본 요리법은 26쪽을 보세요.

마늘과 레몬 피타 토스트

기본 요리법대로 준비하되 강판에 간 레몬껍질 1작은술을 올리브유 혼합물에 추가한다.

허브 피타 토스트

기본 요리법대로 준비하되 마늘을 빼고 잘게 썬 신선한 파, 파슬리, 박하를 토스트 위에 흩뿌린다.

매콤한 허브 피타 토스트

기본 요리법대로 준비하되 마늘 대신 씨를 빼고 곱게 썬 신선한 홍고추 1개를 올리브유에 추가한다.

마늘, 허브와 고추 피타 토스트

기본 요리법대로 준비하되 씨를 빼고 곱게 썬 홍고추 1개를 올리브유 혼합물에 추가한다.

간단한 쌀국수 크리스프

기본 요리법은 29쪽을 보세요.

양념 쌀국수 크리스프
기본 요리법대로 준비하되 국수 혼합물에 간 고수 1작은술을 추가한다.

회향을 곁들인 쌀국수 크리스프
기본 요리법대로 준비하되 국수 혼합물에 회향씨 $\frac{1}{2}$작은술을 추가한다.

카르다몸을 곁들인 쌀국수 크리스프
기본 요리법대로 준비하되 국수 혼합물에 으깬 카르다몸* 씨 $\frac{1}{2}$작은술을 추가한다.

마늘과 생강을 곁들인 쌀국수 크리스프
기본 요리법대로 준비하되 국수 혼합물에 으깬 마늘 1쪽과 강판에 간 신선한 생강 1작은술을 추가한다.

* 카르다몸(cardamom) : 서남 아시아산 생강과의 씨앗을 말린 향신료

응용

고추 치즈 막대과자

기본 요리법은 30쪽을 보세요.

치즈 막대과자
기본 요리법대로 준비하되 고추는 뺀다. 긴 조각을 비틀지 않고 구이판에 얹는다.

블루치즈 막대과자
기본 요리법대로 준비하되 강판에 간 체더치즈 대신 바스러뜨린 블루치즈*를 사용한다. 고추와 파프리카는 뺀다.

허브 치즈 막대과자
기본 요리법대로 준비하되 고춧가루 대신 잘게 썬 신선한 세이지 잎 1작은술을 추가한다.

마늘 치즈 막대과자
기본 요리법대로 준비하되 으깬 마늘 1쪽을 추가한다.

참깨 막대과자
기본 요리법대로 준비하되 말린 도우에 붓으로 물을 바르고 참깨를 흩뿌린 다음 길게 잘라 굽는다.

* 블루치즈(blue cheese) : 푸른곰팡이 선이 나 있는 치즈

응용

앤초비 크래커

기본 요리법은 33쪽을 보세요.

선-드라이 토마토와 파르메산 크래커
기본 요리법대로 준비하되 앤초비 대신 선-드라이 토마토 6개를 잘게 썰어 사용한다.

앤초비와 파르메산 웨지
기본 요리법대로 준비하되 차갑게 해서 밀어 편다. 쿠키 커터를 사용하는 대신 도우를 삼각형으로 자르고 굽는다.

매콤한 앤초비 크래커
기본 요리법대로 준비하되 후추 대신 고춧가루 $\frac{1}{4}$ 작은술을 추가한다.

허브와 앤초비 크래커
기본 요리법대로 준비하되 푸드 프로세서를 동작시키기 전에 신선한 백리향 잎 1작은술을 추가한다.

응용

비트 크리스프

기본 요리법은 34쪽을 보세요.

파스닙 크리스프
비트 대신 파스닙 1~2개를 사용해서 달콤한 황금색 크리스프를 만든다.

고구마 크리스프
비트 대신 고구마 1개를 사용해서 달콤한 황금 오렌지색 크리스프를 만든다.

감자 크리스프
전통 감자 크리스프를 만들기 위해 비트 대신 커다란 감자 1개를 사용한다.

호박 크리스프
푸짐하고 오렌지색이 나는 크리스프를 만들기 위해 비트 대신 호박 웨지를 사용한다.

혼합 채소 크리스프
비트, 고구마, 감자, 호박과 같은 각종 뿌리채소를 사용해서 다채로운 크리스프를 만든다.

응용

토르띠야 칩

기본 요리법은 36쪽을 보세요.

훈연 토르띠야 칩
기본 요리법대로 준비하고 내기 바로 전에 훈연한 파프리카 가루를 토르띠야 칩에 뿌린다.

라임 토르띠야 칩
기본 요리법대로 준비하고 내기 바로 전에 라임 ½개의 껍질을 강판에 곱게 갈아 토르띠야 칩에 뿌린다.

카레 토르띠야 칩
기본 요리법대로 준비하고 내기 바로 전에 가람 마살라*를 토르띠야 칩에 뿌린다.

아주 매운 토르띠야 칩
기본 요리법대로 준비하고 내기 바로 전에 카엔페퍼*를 토르띠야 칩에 뿌린다.

* 가람 마살라(garam masala) : 아시아 남부 지역에서 쓰이는 혼합 향신료
* 카엔페퍼(cayenne pepper) : 향신료의 하나, 고추의 일종으로 무척 맵다.

딥과 살사

짭짤한 칩을 적셔 먹는 용도로 매콤한 살사나 크림이 많이 든 딥보다 더 좋은 것은 없다. 푸짐하고 부드러우며, 신선하면서 자극적이고, 매콤하고 얼얼한, 차가우면서도 크림이 많이 들어 느긋하게 즐기기에 충분하다.

크림 아티초크 딥

부드럽고 순하며, 크림이 많이 든 딥은 평범한 토르띠야 칩이나 막대 빵과 함께 낸다. 지방 함유량이 낮은 딥을 원하는 사람에게 가장 적합하다.

아티초크 통조림 400g, 즙을 뺀다.
마늘 1쪽, 으깬다.
엑스트라 버진 올리브유 1큰술
쿠민가루 $\frac{1}{4}$작은술

강판에 간 레몬껍질 $\frac{1}{4}$작은술
소금과 후춧가루
잘게 썬 신선한 파슬리 1큰술

아티초크, 마늘, 기름, 쿠민과 레몬껍질을 푸드 프로세서에 담는다. 소금과 후추를 추가하고 섞어 부드러운 퓌레로 만든다.

양념을 맞추고 파슬리를 휘저어 섞는다. 딥을 그릇에 담아서 낸다.

4인분

신선한 토마토와 붉은 양파 살사

응용은 66쪽을 보세요.

신선하고 짜릿하며 매콤한 토마토 살사는 손쉽게 준비할 수 있으며, 격식에 얽매이지 않는 여름 애피타이저이다. 멕시코 느낌을 내기 위해 딥과 함께 약간의 토르띠야 칩 또는 퀘사디아 웨지를 낸다.

토마토 3개, 씨를 빼고 곱게 썬다.
붉은 양파 1개, 4등분하고 곱게 자른다.
풋고추 1개, 씨를 빼고 곱게 썬다.
쿠민가루 3자밤

레드와인 식초 1작은술
올리브유 1큰술
소금
잘게 썬 신선한 고수 잎 2큰술

토마토, 양파, 고추, 쿠민, 식초와 기름을 그릇에 담는다. 소금으로 양념을 하고 뒤적여 섞는다. 고수 잎을 추가하고 다시 섞는다. 살사를 차림용 그릇에 담아 낸다.

4인분

아보카도 살사

응용은 67쪽을 보세요.

전통 살사로 토르띠야 칩이나 피타 웨지와 같은 굵직한 디퍼로 떠먹을 수 있는 딥으로 낸다.

아보카도 2개, 껍질을 벗기고 씨를 뺀 후 곱게 썬다.
토마토 2개, 씨를 빼고 곱게 썬다.
홍고추 1개, 씨를 빼고 곱게 썬다.
봄양파 2개, 곱게 썬다.

신선한 고수 잎 한 줌, 잘게 썬다.
소금
라임 1개

아보카도, 토마토, 고추, 봄양파를 그릇에 담는다. 소금으로 양념을 하고 뒤적여 섞는다.

맛을 내기 위해 혼합물 위에 라임주스를 짜 넣고 다시 뒤적인다. 살사를 그릇에 옮기고 2시간 안에 낸다. 너무 오랫동안 아보카도를 그대로 놓아두면 변색이 되기 때문에 살사의 표면을 비닐 랩으로 덮고 공기를 뺀 후 차갑게 보관해서 변색을 최소화한다.

4인분

박하향 오이 요구르트 딥

응용은 68쪽을 보세요.

정통 그리스 차지키*가 원조인 이 원기를 북돋우는 딥은 부담 없고 편안한 모임의 애피타이저로서 적합하다. 떠먹는 용도로 피타 빵이나 칩과 함께 낸다.

커다란 오이 ½개
그리스 요구르트 235㎖(1컵)
마늘 1쪽, 으깬다.

잘게 썬 신선한 박하 2큰술
소금

오이의 껍질을 벗기고 길이로 반 자른 후 씨를 긁어낸다. 오이를 강판에 갈고 체에 놓는다. 가능하면 많은 즙이 나오도록 눌러 짠다.

오이를 그릇에 담고 요구르트, 마늘, 박하와 섞는다. 맛을 내기 위해 소금으로 양념을 한다. 차림용 그릇에 옮겨 담고 낼 준비가 될 때까지 차갑게 한다.

*차지키(tzatziki) : 요구르트에 오이, 마늘, 허브, 식초 등을 넣어 만든 그리스 전통요리

4인분

얼얼한 호박 딥

응용은 69쪽을 보세요.

눈부시게 아름다운 오렌지색 딥으로 달콤하고 매콤하며, 얼얼하고 시큼한 맛이 잘 어우러져
있다. 딥을 일단 먹기 시작하면 멈추기 힘들다.

단호박 또는 호박 600g(1½컵), 씨를 빼고 껍질을
  벗긴 후 두툼한 덩어리로 자른다.
올리브유 2큰술
소금과 후춧가루

마늘 1쪽, 으깬다.
강판에 간 신선한 생강 1작은술
홍고추 1개, 씨를 빼고 곱게 썬다.
라임 ½개의 즙

오븐을 200℃까지 예열한다. 호박을 베이킹 접시에 담고 기름 1큰술을 뿌린 다음 소금과 후
추로 양념을 한다. 부드러워질 때까지 요리하는 동안 한두 번 뒤적이면서 20분 동안 굽는다.

호박을 푸드 프로세서로 옮겨 담고 마늘, 생강, 고추와 남은 기름을 추가한다. 부드러워질 때
까지 작동시키면서 라임주스를 넣은 다음 간을 한다.

딥을 그릇에 담아 뜨거울 때나 따뜻할 때, 또는 차가울 때 낸다(차가울 때는 걸쭉해지기 때문
에 내기 전에 잘 저어준다).

4인분

호박과 케이퍼 딥

응용은 70쪽을 보세요.

칼로리가 없는 부드럽고 크림이 많은 딥을 원한다면 건강에 이로우면서도 부담 없고 톡 쏘는 이 딥을 선택한다. 뜨거울 때 또는 차가울 때 크래커나 피타 토스트를 곁들여 낸다.

애호박 작은 것으로 3개, 자른다.
마늘 ½쪽, 으깬다.
케이퍼 2작은술, 헹군다.
고춧가루 한 자밤

올리브유 2큰술
소금
레몬 ¼개

호박을 찜기에 넣고 끓는 물을 부은 다음 부드러워질 때까지 5분 동안 찐다.

호박을 푸드 프로세서에 넣고 마늘, 케이퍼, 고춧가루, 올리브유를 추가한다. 프로세서를 작동시켜 부드러운 퓌레로 만든다. 양념을 점검하고 맛을 내기 위해 레몬즙을 추가한다.

딥을 그릇에 옮겨 담아 뜨거울 때 낸다. 내기 전에는 차갑게 한다.

4인분

구운 홍피망과 호두 딥

응용은 71쪽을 보세요.

호두와 훈제한 피망으로 풍부한 맛을 내고 차가운 화이트와인을 곁들여 내면 여름철 바비큐 요리에 어울리는 완벽한 딥이 된다.

커다란 홍피망 2개
호두 55g(½컵)
파프리카 가루 ½작은술
다진 생강 ¼작은술
카옌페퍼 한 자밤

마늘 1쪽, 으깬다.
올리브유 1큰술
소금
레몬즙 2작은술
잘게 썬 신선한 박하 2작은술

오븐을 230℃까지 예열한다. 피망을 구이판에 놓고 검게 탈 때까지 30분 동안 굽는다. 그리고 그릇에 담고 비닐 랩으로 덮은 다음, 만질 수 있을 정도로 식고 껍질이 흐물흐물해질 때까지 약 20분 정도 놔둔다.

피망의 껍질을 벗기고 씨를 뺀 다음 호두, 파프리카, 생강, 카옌페퍼, 마늘, 올리브유와 함께 푸드 프로세서에 넣는다. 소금으로 양념을 하고 푸드 프로세서를 작동시켜 퓌레로 만든다.

딥을 그릇에 옮기고 맛을 내기 위해 라임주스를 저어 섞은 후 간을 맞춘다. 차갑게 놔둔 다음 박하를 휘저어 섞어 실온에서 낸다.

4인분

강낭콩과 페스토 딥

응용은 72쪽을 보세요.

크림이 풍부한 콩 딥은 신선하고 아삭아삭한 생채소와 함께 내면 식욕을 돋워 준다. 당근 스틱, 방울토마토, 홍피망 스트립이 특히 잘 어울린다.

강낭콩 통조림 400g, 즙을 빼고 헹군다.

마늘 1쪽, 으깬다.

고춧가루 ¼작은술

그린 페스토 3½큰술

올리브유 2큰술

레몬즙 1작은술

콩, 마늘, 고춧가루, 페스토, 올리브유를 푸드 프로세서에 넣고 부드러운 퓌레를 만든다.

맛을 내기 위해 레몬즙을 추가하고 조금 더 작동시킨 다음 딥을 그릇에 퍼 담아 낸다.

4인분

딥과 살사

비트 생강 딥

응용은 73쪽을 보세요.

현란한 분홍색을 띠고, 마늘과 생강이 그득한 아름다운 딥은 틀림없이 미각을 깨우고 식욕을 돋워 줄 것이다.

조리한 비트 250g, 굵게 썬다.
마늘 1개, 으깬다.
간 고수 2작은술

간 생강 ½작은술
소금과 후춧가루
그리스 요구르트 175㎖(¾컵)
잘게 썬 신선한 박하 1작은술

비트, 마늘, 고수, 생강을 푸드 프로세서에 넣고 소금과 후추로 양념을 한다. 푸드 프로세서를 동작시켜 부드러운 퓌레를 만든다.

요구르트를 추가하고 다른 재료와 섞이도록 잠깐 동안 푸드 프로세서를 작동시킨다. 양념을 간한 뒤 딥을 그릇에 긁어 담는다. 박하를 흩뿌린 다음 낸다.

4인분

크림 아티초크 딥

기본 요리법은 49쪽을 보세요.

아티초크와 차이브 딥
기본 요리법대로 준비하되 파슬리 대신 잘게 썬 쪽파를 추가한다.

달콤한 파프리카를 곁들인 아티초크 딥
기본 요리법대로 준비하되 파프리카 가루 한 자밤을 추가한다.

페스토를 곁들인 아티초크 딥
기본 요리법대로 준비하되 레몬껍질과 쿠민 대신 그린 페스토 1~2큰술을 추가한다.

엑스트라 크림 아티초크 딥
기본 요리법대로 준비한다. 파슬리와 함께 생크림 2큰술을 추가한다.

응용

신선한 토마토와 붉은 양파 살사

기본 요리법은 51쪽을 보세요.

바질을 곁들인 신선한 토마토와 붉은 양파 살사
기본 요리법대로 준비하되 신선한 고수는 뺀다. 대신 신선한 바질 한 줌을 잘게 잘라 추가한다.

토마토, 피망과 붉은 양파 살사
오븐을 230℃까지 예열한다. 홍피망 1개를 구이판에 올리고 검게 탈 때까지 30분 동안 굽는다. 피망을 그릇에 담고 비닐 랩으로 덮은 후 약 10분 동안 그대로 놔둔다. 피망의 껍질을 벗기고 씨를 뺀 다음 살집을 잘게 썬다. 기본 요리법대로 준비하되 토마토와 함께 잘게 썬 홍피망을 추가한다.

토마토와 망고 살사
기본 요리법대로 준비하되 껍질을 벗기고 씨를 발라낸 후 깍둑썰기를 한 망고 ½개를 토마토와 함께 추가한다.

토마토와 봄양파 살사
기본 요리법대로 준비하되 붉은 양파 대신 곱게 자른 봄양파 한 다발을 추가한다.

담백한 토마토와 붉은 양파 살사
기본 요리법대로 준비하되 풋고추를 뺀다. 대신 곱게 간 후추나 파프리카 가루 한 자밤을 추가한다.

응용

아보카도 살사

기본 요리법은 52쪽을 보세요.

과카몰리

기본 요리법의 재료를 사용하되, 먼저 아보카도를 으깨서 부드러운 반죽을 만들고 다른 재료들을 싼 다음 맛을 내기 위해 소금과 라임즙으로 양념을 한다.

아보카도와 키위 살사

기본 요리법대로 준비하되 껍질을 벗기고 곱게 썬 키위 1개를 고수와 함께 추가한다.

아보카도와 망고 살사

기본 요리법대로 준비하되 껍질을 벗기고 씨를 뺀 후 곱게 썬 망고 $\frac{1}{2}$개를 아보카도와 함께 추가한다.

맵지 않은 아보카도 살사

기본 요리법대로 준비하되 고추를 뺀다. 대신 후춧가루와 쿠민가루 한 자밤을 추가한다.

아보카도와 홍피망 살사

기본 요리법대로 준비하되 씨를 빼고 곱게 썬 홍피망 $\frac{1}{2}$개를 아보카도와 함께 추가한다.

응용

박하향 오이 요구르트 딥

기본 요리법은 55쪽을 보세요.

마늘 맛 오이 요구르트 딥
기본 요리법대로 준비하되 으깬 마늘 한 쪽을 더 추가한다.

매콤한 오이 요구르트 딥
기본 요리법대로 준비하되 씨를 빼고 곱게 썬 풋고추 1개를 추가한다.

오이 봄양파 요구르트 딥
기본 요리법대로 준비하되 곱게 자른 봄양파 3개를 추가한다.

허브 오이 박하 딥
기본 요리법대로 준비하되 싹둑 자른 신선한 파 1큰술과 잘게 썬 신선한 고수 잎 1큰술을 박하와 함께 추가한다.

응용

얼얼한 호박 딥

기본 요리법은 56쪽을 보세요.

걸쭉한 호박 딥
푸드 프로세서를 사용하는 대신 호박을 손으로 거칠게 으깨고 다른 재료와 섞어 걸쭉한 딥을 만든다.

양념 호박 딥
기본 요리법대로 준비하되 고추를 뺀다. 마늘, 생강과 함께 쿠민가루 1작은술, 간 고수 1작은술을 추가한다.

카레 호박 딥
기본 요리법대로 준비하되 라임즙 대신 레몬 ½~1개 분량의 즙을 사용하고 요리한 호박에 중간 정도 매운 맛 카레 페이스트 1작은술을 추가한다.

해리사를 곁들인 매콤한 호박 딥
기본 요리법대로 준비하되 고추를 빼고 대신 해리사* 1작은술과 쿠민가루 1작은술을 추가한다.

* 해리사(harissa) : 매운 칠리 페이스트로 후추와 오일을 섞어 만드는 북아프리카의 소스

응용

호박과 케이퍼 딥

기본 요리법은 59쪽을 보세요.

레몬 호박 딥
기본 요리법대로 준비하되 강판에 간 레몬껍질 ½개를 레몬즙과 함께 추가한다.

크림 호박 딥
기본 요리법대로 준비하되 고춧가루를 빼고 레몬즙과 함께 생크림 3큰술을 추가한다.

호박 딜 딥
기본 딥을 준비하되 레몬즙과 함께 잘게 썬 신선한 딜 1큰술과 생크림 2큰술을 추가한다.

박하향 호박 딥
기본 요리법대로 준비하되 잘게 썬 신선한 박하 1작은술을 푸드 프로세서에 추가한다. 여분의 신선한 박하를 잘게 썰어 흩뿌려 낸다.

호박 케이퍼 파슬리 딥
기본 요리법대로 준비하되 잘게 썬 신선한 파슬리 2큰술을 푸드 프로세서에 추가한다. 파슬리를 좀 더 흩뿌려 낸다.

구운 홍피망과 호두 딥

기본 요리법은 60쪽을 보세요.

구운 피망 크림 딥

기본 요리법대로 준비한 다음, 딥이 차가워졌을 때 생크림 3큰술을 휘저어 섞는다.

구운 홍피망과 캐슈너트 딥

기본 요리법대로 준비하되 호두 대신 캐슈너트를 사용한다.

바질을 곁들인 구운 홍피망과 호두 딥

기본 요리법대로 준비하되 신선한 바질 잎 작은 한 줌을 푸드 프로세서에 추가하고 박하를 뺀다.

잣과 바질을 곁들인 구운 홍피망

기본 요리법대로 준비하되 호두 대신 잣을 사용하고 신선한 바질 잎을 작게 한 줌 추가한다. 박하는 뺀다.

응용

강낭콩과 페스토 딥

기본 요리법은 63쪽을 보세요.

카넬리니 콩과 레드 페스토 딥

기본 요리법대로 준비하되 강낭콩 대신 카넬리니 콩을 사용하고, 그린 페스토 대신 레드 페스토를 사용한다.

강낭콩과 호박 딥

호박 1개를 잘라 끓는 물에서 약 5분 동안 부드러워질 때까지 찐다. 기본 요리법대로 준비하되 찐 호박을 콩과 함께 추가하고 푸드 프로세서로 부드러운 딥을 만든다.

강낭콩과 구운 피망 딥

기본 요리법대로 준비하되 병에 든 구운 피망 2개를 즙을 빼고 콩과 함께 추가한다.

크림 강낭콩 딥

기본 요리법대로 준비하되 생크림 2큰술을 레몬주스와 함께 휘저어 섞는다.

응용

비트 생강 딥

기본 요리법은 64쪽을 보세요.

비트 오렌지 생강 딥

기본 요리법대로 준비하되 오렌지 ½개의 껍질을 강판에 갈아 요구르트와 함께 추가한다.

매콤한 비트 생강 딥

기본 요리법대로 준비하되 해리사 페이스트 1작은술 또는 파프리카 가루 1작은술과 카옌페퍼 한 자밤을 추가한다.

파를 곁들인 비트 생강 딥

기본 요리법대로 준비하되 박하 대신 싹둑 자른 파를 흩뿌린다.

고수를 곁들인 비트 생강 딥

기본 요리법대로 준비하되 박하 대신 잘게 썬 신선한 고수를 흩뿌린다.

한 입 거 리

작은 팩으로 만든 이 작은 스낵들은 따뜻한 펀치
와 함께 낸다. 견과류부터 치즈까지, 또 올리브부
터 버섯까지 저절로 침이 고이도록 하는 이 한입
거리 소품을 누구도 거부할 수 없을 것이다.

양념 올리브

응용은 91쪽을 보세요.

향긋한 올리브는 간단한 양념만 해서 내도 식욕을 충분히 돋울 수 있다. 만드는 과정이 간단하건 다소 손이 많이 가건 간에 유혹을 뿌리칠 수 없을 정도로 맛이 있다.

마늘 2쪽, 저민다.
고춧가루 한 자밤 가득
잘게 썬 신선한 로즈메리 1작은술
잘게 썬 신선한 잎 파슬리 1큰술

레드와인 식초 1큰술
올리브유 2큰술
블랙 또는 그린 올리브 250g(2½컵)

올리브를 다 담을 수 있을 정도로 커다란 그릇에 마늘, 고춧가루, 로즈메리, 파슬리, 식초, 올리브유를 모두 넣고 휘젓는다.

올리브를 양념에 넣고 잘 버무린다. 뚜껑을 덮고 내기 전에 최소한 4시간 동안 차갑게 한다. 올리브는 냉장고에 3, 4일 동안 보관할 수 있다.

4인분

블랙 올리브 타프나드를 곁들인 메추리알

응용은 92쪽을 보세요.

자그마한 메추리알은 타프나드의 짭짤하고 톡 쏘는 블랙 올리브와 앤초비 페이스트에 담그면 아주 맛이 좋다. 식사 전에 마시는 음료와 잘 어울린다.

메추리알 12개
씨를 뺀 블랙 올리브 200g(1¾컵)
마늘 2쪽, 으깬다.
뼈를 제거한 앤초비 3마리

케이퍼 2작은술, 헹군 다음 물기를 뺀다.
올리브유 1~2큰술
레몬즙
검정 후추

팬에 물을 담고 끓인다. 메추리알을 조심해서 넣고 4분간 끓인다. 물을 빼고 다시 팬에 넣은 뒤 차가운 물을 붓는다. 차갑게 놔둔다.

타프나드를 만들기 위해 올리브, 마늘, 앤초비, 케이퍼, 올리브유를 푸드 프로세서에 담는다. 후추로 양념을 하고 푸드 프로세서를 작동시켜 부드러운 퓌레를 만든다. 맛을 내기 위해 레몬즙을 추가한다. 타프나드를 작은 접시에 떠 담고 차림용 접시 위에 놓는다.

메추리알이 움직이지 않도록 잘 손질한 껍질 한쪽에 담고 타프나드 접시 주위에 예쁘게 배열한 후 낸다.

4인분

매콤한 훈제 아몬드

응용은 *93쪽*을 보세요.

바삭한 훈제 견과류로 스페인식의 차가운 셰리주나 차가운 맥주 한 잔과 함께 낸다.

올리브유 1작은술   굵은 천일염
하얀 아몬드 200g(1½컵)   파프리카 가루 ¼작은술

올리브유를 눌어붙지 않는 커다란 팬에 담고 가열한 다음, 아몬드를 넣고 노릇해질 때까지 뒤적이면서 열을 가한다.

구멍이 나있는 스푼을 이용해 견과류를 그릇에 옮긴다. 팬의 기름을 가능한 한 많이 남겨둔다. 굵은 천일염과 파프리카 가루를 아낌없이 흩뿌리고 견과류에 양념이 잘 묻도록 버무린다. 식힌 다음 차림용 접시에 옮긴다.

4~8인분

마늘 버섯

응용은 94쪽을 보세요.

즙이 많고 맛있는 이 한입거리 마늘 버섯은 손님이 손가락에 끈적이는 것을 묻히지 않고 먹을 수 있도록 이쑤시개와 함께 낸다.

마늘 2쪽, 으깬다.
올리브유 1½큰술
양송이 200g(2⅔컵)
화이트와인 2큰술

토마토 퓨레 1작은술
신선한 백리향 잎 ½작은술, 고명용으로 여분 추가
소금과 후춧가루

올리브유를 프라이팬에 붓는다. 마늘을 1분 동안 기름에 볶은 다음, 버섯을 추가하고 뒤적여 기름을 골고루 묻힌다.

와인과 토마토 퓨레를 함께 휘저어 섞고 버섯 위에 부은 다음, 백리향을 추가하고 소금과 후추로 양념을 한다. 국물이 대부분 증발되고, 버섯에 즙이 많이 생기고 윤이 나되 물러지지 않을 때까지 가끔씩 저어주면서 15~20분 동안 약하게 요리한다.

차림용 접시에 옮겨 담는다. 신선한 백리향 잎을 약간 흩뿌려서 뜨거울 때나 따뜻할 때, 또는 실온으로 낸다.

4인분

매콤한 새우 꼬치

응용은 95쪽을 보세요.

신선하고 자극적인 맛을 가진 이 간단한 꼬치는 격식에 얽매이지 않는 자리에 음료와 함께 내는 애피타이저로는 최상이다. 격식 있는 자리의 첫 번째 코스로 낼 때는 약하게 드레싱한 샐러드 위에 꼬치를 얹어 낸다.

강판에 간 생강 1작은술
마늘 1쪽, 으깬다.
강판에 간 라임 ½개의 껍질과 라임 1개의 즙
생 타이거새우 16~20마리, 껍질을 벗기고 내장을
   제거한다.

소금과 후춧가루
잘게 썬 신선한 박하, 흩뿌림용
달콤한 칠리소스, 디핑용

짧은 대나무 꼬치 12개를 10~20분 동안 물에 담가둔다. 생강, 마늘, 라임 껍질과 즙을 커다란 그릇에서 섞고 소금과 후추로 양념을 한다. 새우를 추가하고 양념이 잘 묻도록 버무린 후 뚜껑을 덮는다. 5~10분 동안 차갑게 놔둔다.

그릴을 예열하거나 골이 파인 그리들 팬을 가열한다. 꼬치에 새우를 길이로 꿴다. 새우를 그릴이나 그리들 팬에 늘어놓고 양쪽 면이 분홍빛을 띠고 완전히 익을 때까지 1분 동안 요리한다. 요리한 새우를 접시로 옮기고 박하를 뿌린다. 디핑용으로 칠리소스를 곁들여 즉시 낸다.

4인분

레몬 마요네즈를 곁들인 프로슈토 랩 아스파라거스

응용은 96쪽을 보세요.

이 정교한 한입거리는 너무 유혹적인 술안주이며, 정식 애피타이저로 내기도 한다. 미리 모든 준비를 할 수 있으며, 손님이 도착했을 때 오븐에 넣기만 하면 된다.

마요네즈 120㎖($\frac{1}{2}$컵)
강판에 간 레몬 1개의 껍질
레몬즙 1큰술
잘게 썬 신선한 쪽파 $\frac{1}{2}$큰술

아스파라거스 끝 부분 200g
아주 얇은 프로슈토* 슬라이스 8개, 길게 자른다.
올리브유, 조금 붓는 용도
후춧가루

오븐을 190℃까지 예열한다. 마요네즈, 레몬껍질, 레몬즙, 파를 섞어 차림용 접시에 담는다. 뚜껑을 덮고 냉장고에 보관한다.

아스파라거스를 각각 프로슈토 슬라이스로 길게 싸서 구이판에 올려놓고 기름을 붓는다. 후추를 조금 뿌리고 부드러워질 때까지 6~7분 동안 굽는다.

프로슈토 랩 아스파라거스를 접시에 담고 레몬 마요네즈와 함께 낸다.

* 프로슈토(prosciutto) : 향신료가 많이 든 이탈리아 햄

4인분

박하와 고추를 곁들인 보콘시니

응용은 97쪽을 보세요.

한입거리 크기의 모짜렐라 볼인 보콘시니*는 대부분의 좋은 치즈 가게, 큰 슈퍼마켓, 델리에서 살 수 있다. 아니면 보통 모짜렐라를 사서 한입 크기의 조각으로 자른다.

보콘시니 모짜렐라 250g
고춧가루 ¼작은술

잘게 썬 신선한 박하 1작은술
엑스트라 버진 올리브유 1½큰술

보콘시니의 즙을 빼고 그릇에 담는다. 고춧가루와 박하를 뿌리고 기름을 붓는다. 볼에 잘 묻도록 뒤적인다.

뚜껑을 덮고 최소 1시간 동안 양념이 되도록 냉장고에 둔다. 치즈가 실온이 되었을 때 낸다.

* 보콘시니(bocconcini) : 식욕을 촉진하기 위해 한입에 먹을 수 있는 이탈리아 음식

4인분

토마토 모짜렐라 꼬치

응용은 98쪽을 보세요.

예쁘게 장식한 붉은색과 흰색 꼬치는 함께 모아두지 못할 정도로 빨리 소진된다. 살사도 눈 깜박할 사이에 동이 나며, 시간을 절약하기 위해 손님이 도착하기 전에 미리 만들어 놓을 수 있다.

신선한 바질 잎 2줌
케이퍼 2작은술, 헹구어 물기를 뺀다.
디종 머스타드 ½작은술
발사믹 식초 1½작은술

올리브유 4큰술
모짜렐라 115g, 물을 뺀다.
방울토마토 20개
후춧가루

살사를 만들기 위해 바질 잎, 케이퍼, 겨자, 식초, 올리브유를 작은 블렌더에 넣고 후추로 양념을 한 뒤 부드러워질 때까지 작동시킨다. 혼합물을 차림용 접시로 옮기고 뚜껑을 덮은 후, (미리 준비했다면) 낼 준비가 될 때까지 차갑게 한다.

모짜렐라를 한입거리 크기 20개로 자른다. 방울토마토와 함께 칵테일 꼬치에 꿴다. 꼬치를 디핑용 살사 베르데와 함께 차림용 접시에 배열한다.

20개 분량

페타치즈 수박 스파이크

응용은 99쪽을 보세요.

신선하고 짭조름하며, 톡 쏘는 맛을 내는 이 한입거리 소품은 더운 여름철 오후나 저녁 식사 전에 식욕을 돋우는 데 완벽하다.

수박 작은 모양으로(약 450g), 차갑게 한다.　　라임즙 약간
페타치즈 200g　　후춧가루

수박의 껍질을 벗기고 검은 씨를 제거한 다음 살집을 24개의 작은 덩어리로 자른다. 치즈도 네모나게 24개로 자른다.

네모난 치즈와 수박 조각을 칵테일 스틱에 꿴다. 꼬치에 라임즙을 조금 붓고 후추를 갈아 뿌린 후 낸다.

24개 분량

응용

양념 올리브

기본 요리법은 75쪽을 보세요.

매운 양념 올리브

기본 요리법대로 준비하되 바수어 말린 고추를 빼고 대신 신선한 고추 1개를 잘라 사용한다. 너무 맵지 않게 하기 위해 자르기 전에 고추씨를 제거한다.

향긋한 양념 올리브

기본 요리법대로 준비하되 구워서 으깬 고수씨 $\frac{1}{2}$작은술을 추가한다.

오레가노를 곁들인 양념 올리브

기본 요리법대로 준비하되 로즈메리를 빼는 대신 바순 오레가노 잎 1작은술을 추가한다.

쿠민 양념 올리브

기본 요리법대로 준비하되 로즈메리를 빼는 대신 쿠민가루 $\frac{1}{2}$작은술을 사용한다.

신선한 박하를 곁들인 양념 올리브

기본 요리법대로 준비하되 로즈메리를 빼는 대신 잘게 썬 신선한 박하 1작은술을 추가한다.

응용

블랙 올리브 타프나드를 곁들인 메추리알

기본 요리법은 77쪽을 보세요.

허브 타프나드를 곁들인 메추리알

기본 요리법대로 준비하되 섞기 전에 잘게 썬 신선한 마조람 ½작은술을 타프나드에 추가한다.

타프나드와 메추리알을 곁들인 크로스티니

기본 요리법대로 준비한다. 작은 바게트 빵을 12개의 얇은 슬라이스로 자르고 양쪽 면이 노릇해질 때까지 굽는다. 토스트 조각에 타프나드를 얇게 펴 바르고, 껍질을 벗기고 반으로 자른 메추리알을 올린 다음 잘게 썬 파슬리를 흩뿌려 낸다.

크림 타프나드를 곁들인 메추리알

기본 요리법대로 준비하되 레몬주스를 뺀다. 타프나드와 크림치즈 115g(½컵)을 천천히 휘저어 섞는다. 맛을 내기 위해 레몬즙을 추가한다. 딥의 맛을 좀 더 연하게 만들기 위해 크림치즈를 추가한다.

레몬과 사철쑥 타프나드를 곁들인 메추리알

기본 요리법대로 준비하되 레몬즙과 함께 잘게 썬 신선한 사철쑥 2큰술, 레몬 1개의 껍질을 강판에 갈아 추가한다.

응용

매콤한 훈제 아몬드

기본 요리법은 78쪽을 보세요.

아몬드와 건포도
기본 요리법대로 준비한다. 견과류가 차가울 때 통통하고 즙이 많은 건포도와 뒤적여 섞는다.

매콤한 혼합 견과류
기본 요리법대로 준비하되 아몬드나 캐슈, 피칸 등 소금을 치지 않은 각종 견과류를 사용한다.

구운 견과류와 건포도
기본 요리법대로 준비하되 아몬드나 캐슈, 연한 헤이즐넛 등 소금을 치지 않은 각종 견과류를 사용하고 파프리카는 뺀다. 견과류가 차가울 때 통통하고 즙이 많은 건포도와 뒤적여 섞는다.

카레 캐슈
기본 요리법대로 준비하되 아몬드 대신 캐슈를, 파프리카 대신 카레가루를 사용한다.

구운 견과류와 씨앗류
기본 요리법대로 준비하되 아몬드, 캐슈, 피칸, 호박씨, 해바라기씨와 같은 견과류를 사용한다.

응용

마늘 버섯

기본 요리법은 81쪽을 보세요.

매콤한 마늘 버섯

기본 요리법대로 준비하되 버섯과 함께 말린 고춧가루 한 자밤을 추가한다.

파를 곁들인 마늘 버섯

기본 요리법대로 준비하되 백리향은 뺀다. 싹둑 자른 신선한 파 1개를 버섯에 흩뿌려 낸다.

셰리주와 오레가노를 곁들인 마늘 버섯

기본 요리법대로 준비하되 화이트와인 대신 셰리주를, 백리향 대신 잘게 썬 신선한 오레가노 ½작은술을 사용한다.

크림 마늘 버섯

기본 요리법대로 준비하되 내기 전에 버섯에 헤비크림 1큰술을 넣고 저어 섞는다. 뜨거울 때 또는 따뜻할 때 내면 좋다.

월계수 잎을 곁들인 마늘 버섯

기본 요리법대로 준비하되 와인, 백리향과 함께 월계수 잎을 팬에 추가한다. 월계수 잎을 버섯과 함께 차가워질 때까지 놔둔 다음, 내기 전에 월계수 잎은 뺀다.

응용

매콤한 새우 꼬치

기본 요리법은 *82쪽*을 보세요.

칠리 새우
기본 요리법대로 준비하되 홍고추 1개의 씨를 빼고 곱게 썰어 양념에 추가한다.

달콤한 칠리 새우
기본 요리법대로 준비하되 라임 껍질과 즙 대신 달콤한 칠리소스 2큰술을 사용한다.

코코넛 새우
기본 요리법대로 준비한다. 요리하기 전에 강판에 간 코코넛 2큰술을 꼬치에 꿴 새우에 바른 다음 굽는다.

고수 새우
기본 요리법대로 준비하되 내기 전에 박하 대신 잘게 썬 신선한 고수 잎 1큰술을 요리한 새우에 흩뿌린다.

레몬 마요네즈를 곁들인 프로슈토 랩 아스파라거스

기본 요리법은 85쪽을 보세요.

레몬 마요네즈를 곁들인 아스파라거스 구이
기본 요리법대로 준비하되 프로슈토를 뺀다.

마늘 마요네즈를 곁들인 프로슈토 랩 아스파라거스
기본 요리법대로 준비하되 마요네즈에 으깬 작은 마늘 1쪽을 추가하고, 파 대신 잘게 썬 신선한 파슬리를 사용한다.

케이퍼 마요네즈를 곁들인 프로슈토 랩 아스파라거스
기본 요리법대로 준비하되 마요네즈에 잘게 썬 케이퍼 1작은술을 추가한다.

고수 마요네즈를 곁들인 프로슈토 랩 아스파라거스
기본 요리법대로 준비하되 레몬 껍질과 즙 대신 강판에 간 라임 껍질과 즙을 사용하고, 파 대신 잘게 썬 신선한 고수 1큰술을 사용한다.

매콤한 마요네즈를 곁들인 프로슈토 랩 아스파라거스
기본 요리법대로 준비하되 파 대신 해리사 페이스트 $\frac{1}{2}$~1작은술을 사용한다.

박하와 칠리를 곁들인 보콘시니

기본 요리법은 86쪽을 보세요.

회향씨를 곁들인 보콘시니
기본 요리법대로 준비하되 약하게 으깬 회향씨 ½작은술을 추가한다.

마늘을 곁들인 보콘시니
기본 요리법대로 준비하되 으깬 마늘 ½쪽을 추가한다.

바질과 칠리를 곁들인 보콘시니
기본 요리법대로 준비하되 박하 대신 신선한 바질 잎 한 줌을 찢어 추가한다.

세이지와 칠리를 곁들인 보콘시니
기본 요리법대로 준비하되 박하 대신 잘게 썬 신선한 세이지 ½작은술을 사용한다.

응용

토마토 모짜렐라 꼬치

기본 요리법은 *89*쪽을 보세요.

올리브를 곁들인 토마토 모짜렐라 꼬치
기본 요리법대로 준비하되 칵테일 스틱에 씨를 뺀 블랙 올리브를 추가한다.

로켓을 곁들인 토마토 모짜렐라 꼬치
기본 요리법대로 준비하되 칵테일 스틱에 로켓* 잎 1~2개를 꿴다.

아보카도를 곁들인 토마토 모짜렐라 꼬치
아보카도 반개의 껍질을 벗기고 씨를 제거한 다음 과육을 한입거리 조각 20개로 자른다. 기본 요리법대로 준비하되 칵테일 스틱에 네모난 아보카도를 추가한다.

붉은 양파를 곁들인 토마토 모짜렐라 꼬치
양파의 반을 잘라 4조각 낸다. 기본 요리법대로 준비하되 칵테일 스틱에 양파 조각을 층층이 꿴다.

* 로켓(rocket) : 겨잣과의 식물로 꽃은 관상용이며 잎은 샐러드에 이용된다.

응용

페타치즈 수박 스파이크

기본 요리법은 90쪽을 보세요.

페타치즈 블랙 올리브 수박 스파이크

기본 요리법대로 준비하되 칵테일 스틱에 씨를 뺀 블랙 올리브를 추가한다.

페타치즈 칸탈루프 스파이크

기본 요리법대로 준비하되 수박 대신 칸탈루프* 멜론을 사용한다.

브리치즈 포도 스파이크

기본 방법에 따르되 수박과 페타치즈 대신 네모난 브리치즈*와 씨를 뺀 커다란 적포도를 칵테일 스틱에 꿴다. 라임즙은 뺀다.

블루치즈 배 스파이크

껍질을 벗기고 속심을 제거한 후 잘 익은 배 2개를 24개의 얇은 웨지로 자른다. 기본 요리법을 따르되 칵테일 스틱에 네모난 블루치즈와 배 슬라이스를 꿴다. 라임즙은 뺀다.

블루치즈 무화과 스파이크

무화과 4개를 준비하고 각각 6개의 웨지로 자른다. 기본 요리법을 따르되 칵테일 스틱에 네모난 블루치즈와 무화과 웨지를 꿴다. 라임즙은 뺀다.

* 칸탈루프(cantaloupe) : 껍질은 녹색, 과육은 오렌지색인 멜론
* 브리 치즈(brie cheese) : 프랑스산의 부드러운 치즈

빅 바이트

큼직하고 구미가 당기는 이 요리를 보면 손님들이 요리법을 알려달라고 채근할 것이다. 주요리가 나오기 전 손님들이 허기져 있을 때 낸다.

매콤한 닭날개

응용은 117쪽을 보세요.

노릇하게 튀긴 닭날개는 대부분의 사람들이 좋아하고, 주요리가 나오기 전에 내는 파티 스낵으로도 최상이다. 좀 더 격식 있는 식사자리에서는 드레싱한 샐러드와 디핑소스를 함께 낸다.

다목적용 밀가루 2큰술	닭날개 12개
카옌페퍼 2작은술	해바라기유, 튀김용
소금	

밀가루, 카옌페퍼, 소금 한 자밤을 비닐 백에 담고 흔들어 섞는다. 닭날개를 추가하고 흔들어서 양념된 밀가루를 잘 입힌다.

튀김용 팬에 ⅔정도 차도록 기름을 붓는다. 190℃까지 또는 빵조각이 1분 안에 갈색이 될 때까지 가열한다. 한번에 3, 4개씩 닭날개를 넣고 노릇해지고 완전히 익을 때까지 약 10분 동안 튀긴다.

종이타월로 닭날개의 기름기를 빼고, 남은 닭날개를 요리하는 동안 뜨겁게 보관한다. 뜨거울 때 낸다.

12개 분량

치즈 마늘빵

응용은 *118*쪽을 보세요.

풍부한 맛을 가진 마늘빵은 가볍게 대접할 때 느낌이 좋은 스타터가 될 수 있다. 이탈리아 메인코스를 내기 전에 이 작은 빵을 먼저 내거나, 파티를 할 때 음료와 함께 접시에 담아 제공한다.

도우 재료
흰 제빵용 밀가루 200g(1¾컵)
이스트 1작은술
소금 ½작은술
올리브유 1큰술
따뜻한 물 120㎖(½컵)

토핑 재료
올리브유 2큰술
마늘 2쪽, 으깬다.
모짜렐라 치즈 150g, 얇게 썬다.
후춧가루
잘게 썬 신선한 파슬리, 흩뿌림용

도우를 만들기 위해 밀가루, 이스트, 소금을 큰 그릇에서 섞고 가운데에 홈을 만든다. 기름과 물을 추가하고 섞어 부드러운 도우를 만든다.

도우를 꺼내 밀가루를 조금 묻힌 받침판에서 부드러워지고 탄력이 생길 때까지 5~10분 동안 치댄다. 기름을 바른 깨끗한 그릇에 담고, 기름을 바른 비닐 랩으로 덮은 다음 따뜻하게 1시간 동안, 또는 부피가 2배가 될 때까지 부풀린다.

오븐을 220℃까지 예열하고 구이판에 기름을 조금 바른다. 도우를 8조각으로 나누고 둥글게 또는 계란모양으로 만 다음, 간격을 조금씩 벌려서 구이판에 배열한다.

기름, 마늘을 혼합한 다음 빵 위에 붓는다. 치즈를 위에 올리고 후추로 양념을 한 다음, 노릇해지고 거품이 생길 때까지 12분 동안 굽는다. 신선한 파슬리를 흩뿌린 다음 즉시 낸다.

8개 분량

달콤한 피망을 곁들인 모짜렐라 미니 피자

푸짐하고 달콤한 페퍼 소스를 곁들인 이 맛있는 미니 피자는 정통 토마토 피자를 응용한 것이다.

빵 도우 1개(103쪽의 치즈 마늘빵 참조)
올리브유 1큰술
마늘 2쪽, 으깬다.
홍피망 2개, 씨를 빼고 잘게 썬다.
바질 잎 1줌

발사믹 식초 1작은술
모짜렐라 치즈 155g, 자른다.
로켓 2줌
소금과 후춧가루

빵 도우를 준비하고 부풀어 오를 때까지 놔둔다. 그동안 프라이팬에 기름을 두르고 가열한다. 마늘과 피망을 넣고 부드러워질 때까지 자주 저으면서 약 20분 동안 약하게 볶는다. 마늘과 피망 혼합물을 푸드 프로세서에 담고 바질과 발사믹 식초를 추가한 후 부드러워 질 때까지 작동시킨다. 맛을 내기 위해 양념을 하고 한쪽에 치워둔다.

오븐을 220℃까지 가열하고 구이판에 기름을 바른다. 부풀어 오른 도우를 가볍게 치대고 8조각으로 자른 다음 둥글게 말아 구이판에 간격을 띄워서 놓는다. 피망 혼합물 약 1큰술을 각 도우 위에 둥글게 펴 바르고 모짜렐라 치즈 1~2 조각을 얹은 후 후추로 양념을 한다. 노릇해지고 거품이 일 때까지 약 10분 동안 굽는다. 미니 피자에 로켓 잎을 얹어서 즉시 낸다.

8개 분량

모짜렐라 치즈를 넣은 리조또 볼 튀김

응용은 120쪽을 보세요.

바질과 녹인 모짜렐라로 그득한 이 푸짐하고 크림이 많이 든 리조또 볼은 애피타이저를 마음껏 즐기게 해준다. 신선한 토마토나 과일 살사를 곁들여 낸다.

올리브유 2큰술
작은 양파 1개, 곱게 썬다.
마늘 1쪽, 으깬다.
리조또용 쌀 140g($\frac{3}{4}$컵)
화이트와인 80㎖($\frac{1}{3}$컵)
채소육수 또는 닭육수 400㎖(1$\frac{3}{4}$컵)

강판에 간 파르메산 치즈 28g($\frac{1}{3}$컵)
잘게 썬 파슬리 잎 2큰술
모짜렐라 치즈 85g, 네모지게 12개로 작게 자른다.
커다란 바질 잎 12장
해바라기유, 튀김용
소금과 갓 간 후춧가루

커다란 팬에 기름을 가열한 다음, 양파와 마늘이 부드러워지되 갈색으로 변하지 않을 때까지 약 4분 동안 약하게 볶는다. 쌀을 추가하고 1분 동안 저어 섞은 다음 와인을 붓고, 와인이 다 흡수될 때까지 저으면서 은근히 끓인다.

육수를 추가한 뒤 약하게 끓이면서 육수가 흡수되고 리조또가 크림처럼 될 때까지 약 20분 동안 자주 저으면서 섞는다. 파르메산 치즈와 파슬리를 넣고 휘저어 섞은 다음 양념을 해 맛을 낸다. 차갑게 놔둔다.

식힌 밥을 12등분한다. 네모난 모짜렐라 치즈 조각을 바질 잎으로 싼다. 그 주위를 밥으로 눌러 두른다. 판에 올려 최소한 30분 동안 놔둔다. 깊은 팬에 $\frac{2}{3}$정도 찰 때까지 기름을 붓는다. 190℃까지 또는 빵조각이 1분 안에 노릇해질 때까지 가열한다. 리조또 볼이 바삭해지고 노릇해질 때까지 약 3분 동안 한꺼번에 튀긴다. 종이타월로 기름을 빼고 뜨거울 때 낸다.

4인분

선-드라이 토마토 프리타타

응용은 121쪽을 보세요.

걸쭉한 이탈리아식 오믈렛으로 식사 전 음료, 또는 샐러드와 함께 격식 있는 애피타이저로서 웨지 형태의 두툼한 스낵으로 맛있게 대접한다.

올리브유 2큰술
스페인 양파 1개, 얇게 자른다.
소금과 후춧가루
신선한 백리향 잎 1작은술

기름에 담은 선-드라이 토마토 6개, 즙을 빼고 자른다.
강판에 간 파르메산 치즈 28g($\frac{1}{3}$컵)
달걀 6개, 거품 낸다.

커다란 프라이팬에서 기름을 가열한다. 양파를 추가하고 소금 약간과 백리향을 흩뿌린 다음 약 15분 동안 약하게 볶는다. 토마토를 휘저어 섞고 맛을 내기 위해 양념을 한다.

파르메산 치즈를 달걀에 휘저어 섞고 후추로 양념을 한다. 달걀 혼합물을 양파에 붓고 프리타타 * 가 굳어지되 위에는 아직 물기가 남아 있을 때까지 5~10분 동안 약하게 요리한다. 가끔씩 프리타타의 가장자리를 들어 올려 밑부분까지 익도록 한다.

그릴을 예열한다. 그릴 밑에 프리타타를 놓고 3~5분 동안 윗부분이 노릇해지도록 한다. 부채꼴 모양으로 잘라 뜨거울 때나 따뜻할 때, 또는 실온으로 낸다.

* 프리타타(frittata) : 채소, 치즈 등을 달걀과 섞어 약한 불로 익히고 위를 노릇하게 한 오믈렛

6인분

캐러멜 양파와 앤초비 스퀘어

응용은 122쪽을 보세요.

정통 프랑스 피살라디에르*를 응용한 것으로, 네모나고 입에서 살살 녹는 이 퍼프 페스트리*
는 음료와 함께 내는 애피타이저로서 아주 만족할만한 맛을 낸다.

올리브유 2큰술
커다란 스페인 양파 1개, 반으로 잘라 얇게 채썬다.
소금과 후추
신선한 백리향 잎 1작은술, 고명용으로 여분 추가

황설탕 1작은술
미리 말아놓은 퍼프 페스트리 375g
뼈를 발라낸 통조림 앤초비 55g, 즙을 빼고 길이로
반 자른다.

팬에서 기름을 가열한다. 양파를 넣고 소금과 후추로 간을 맞춘 후 백리향을 흩뿌린다. 양파
가 부드러워질 때까지 약 20분 동안 가끔 가볍게 저으면서 요리한다.

황설탕을 뿌린 후 양파가 노릇해지고 끈적끈적해질 때까지 자주 저으면서 10분 더 요리한다.
간이 맞는지 확인한다.

오븐을 190℃까지 가열한다. 말아놓은 페스트리를 커다란 구이판에서 푼다. 페스트리에 양파
를 펴 바르고 그 위에 격자 모양으로 앤초비를 배열한다.

페스트리가 바삭하고 노릇해질 때까지 약 25분 동안 굽는다. 페스트리를 12조각의 정사각형이
나 직사각형으로 자르고 신선한 백리향을 뿌린 후 뜨겁거나 따뜻할 때 또는 실온으로 낸다.

* 피살라디에르(pissaladiére) : 앤초비와 블랙 올리브 절임을 곁들인 양파 파이
* 퍼프 페스트리(puff pastry) : 얇은 페스트리를 여러 장 겹쳐서 파이·케이크 등을 만들 때 쓴다.

12개 분량

생크림과 페스토 딥을 곁들인 포테이토

응용은 123쪽을 보세요.

음료와 함께 내거나 한가롭고 평온한 식사자리에 낼 때 더욱 인기를 끈다. 페스토 종류에 따라 딥을 한 술 더 추가할 수도 있다. 따라서 먼저 맛을 보고 필요할 경우 조금 더 추가한다.

커다란 감자 2개(약 600g)
올리브유 2큰술
소금과 후춧가루

생크림 120㎖(½컵)
바질 페스토 약 1큰술

오븐을 190℃까지 예열한다. 감자를 두툼하게 부채꼴 모양으로 잘라 구이용 팬에 나란히 놓는다. 기름을 붓고 소금과 후추로 간을 맞춘 다음 뒤적여 섞는다.

감자가 노릇해지고 부드러워질 때까지 한두 번 흔들고 뒤집으면서 30~35분 동안 굽는다.

생크림과 페스토를 차림용 그릇에 담아 섞고 후추로 간을 맞춘다. 갓 요리한 감자를 딥과 함께 낸다.

4인분

구운 카망베르

응용은 124쪽을 보세요.

스위스 정통 퐁뒤*를 아주 간단히 응용한 요리법이다. 모든 사람들이 춥고 배고파하는 겨울에 내면 좋다.

나무박스에 든 카망베르* 1개
중간 크기의 바게트 빵 1개

오븐을 190℃까지 예열한다. 치즈를 감싸고 있는 왁스 바른 종이를 버리고 박스에 다시 집어넣는다. 구이판에 놓고 약 20분 동안 굽는다.

바게트 빵을 한입크기로 자른다. 박스에 있는 치즈를 차림용 접시로 옮긴다. 치즈 윗부분에 구멍을 뚫어 손님들이 빵을 포크로 찍어 녹은 치즈에 담가 먹도록 한다.

* 퐁뒤(fondue) : 와인을 넣어 녹인 치즈에 빵을 찍어 먹는 스위스 요리
* 카망베르(camembert) : 강한 향을 지닌 부드러운 프랑스산 치즈

4인분

블루치즈와 로켓을 곁들인 폴렌타 그릴구이

응용은 *125*쪽을 보세요.

따뜻한 애피타이저는 몸을 따뜻하게 덥힐 수 있는 그 무엇이 필요한 겨울철에 특히 더 좋다. 즉석 폴렌타 * 는 빨리 준비할 수 있는 반면, 일반 폴렌타는 봉투에 쓰여 있는 설명에 따라 준비해서 사용할 수 있다.

물 475㎖(2컵)
소금 ½작은술
즉석 폴렌타 125g(⅔컵)
올리브유 1큰술, 바르는 용도로 여분 추가
발사믹 식초 2작은술

통밀겨자 ½작은술
고르곤졸라 치즈 또는 다른 블루치즈 55g, 얇게
　자른다.
로켓 2줌
후춧가루

커다란 소스팬에 물을 붓는다. 소금을 넣고 끓인다. 저으면서 폴렌타를 조금씩 추가하고 걸쭉해질 때까지 약 3분간 요리한다.

폴렌타를 판이나 트레이에 붓고 두께가 1.5cm가 될 때까지 편 다음 차갑게 식힌다. 기름, 식초, 겨자를 함께 저어 섞고 한쪽에 둔다.

그리들 팬을 예열한다. 6.5cm 쿠키 커터를 사용해서 폴렌타를 8개의 원형으로 자르고 각 면에 기름을 바른다. 원형 폴렌타를 그리들 팬에 배열하고 검은 선 모양으로 까맣게 탈 때까지 4~5분 동안 요리한다. 뒤집어서 블루치즈를 위에 얹고 3~4분 더 요리한다. 폴렌타를 대접용 접시에 담고 로켓을 올린 다음 드레싱을 붓는다. 후춧가루를 폴렌타 위에 뿌려서 낸다.

* 폴렌타(polenta) : 이탈리아 요리에 쓰이는, 옥수수 가루로 만든 음식

4인분

매콤한 닭날개

기본 요리법은 101쪽을 보세요.

매운 생강 닭날개
기본 요리법대로 준비하되 다진 생강 1작은술을 밀가루에 추가한다.

훈제 닭날개
기본 요리법대로 준비하되 카옌페퍼 대신 밀가루에 훈제 파프리카 가루 2작은술을 추가한다.

약한 양념 닭날개
기본 요리법대로 준비하되 카옌페퍼 대신 쿠민가루 2작은술, 간 고수 2작은술, 파프리카 가루 1작은술, 말린 고춧가루 $\frac{1}{2}$작은술을 밀가루에 추가한다.

카레 닭날개
기본 요리법대로 준비하되 카레가루 2작은술을 밀가루에 추가한다.

응용

치즈 마늘빵

기본 요리법은 *103쪽*을 보세요.

플레인 마늘빵

아무 장식을 하지 않은 둥근 도우를 준비하고, 각 도우 윗부분을 날카로운 칼로 몇 차례 칼집을 낸다. 약 12분 동안 굽는다. 소프트 버터 55g(4큰술)을 으깬 마늘 2쪽과 함께 섞고 후추로 양념을 한다. 빵이 완성되면 마늘 버터를 펴 바르고 파슬리를 흩뿌린다.

허브 치즈 마늘빵

기본 요리법대로 준비하되 파슬리 대신 신선한 백리향 잎 또는 싹둑 썬 파를 빵에 흩뿌린다.

페스토를 곁들인 치즈 마늘빵

기본 요리법대로 준비하되 둥근 도우에 마늘유를 붓기 전에 페스토 ½작은술을 펴 바른다.

고춧가루를 흩뿌린 치즈 마늘빵

기본 요리법대로 준비하되 굽기 전에 말린 고춧가루 한 자밤을 빵에 흩뿌린다.

응용

달콤한 피망을 곁들인 모짜렐라 미니 피자

기본 요리법은 *104쪽*을 보세요.

매콤한 소시지를 곁들인 달콤한 피망 피자
기본 요리법대로 준비하되 굽기 전에 초리조 슬라이스 또는 다른 매콤한 소시지를 위에 조금 얹는다. 로켓과 함께 내도 좋다.

그슬린 호박을 곁들인 달콤한 피망 피자
호박을 잘라 올리브유를 바른 다음 까맣게 그슬리고 부드러워질 때까지 각 면당 4분 동안 그리들 팬에서 요리한다. 기본 피자 요리법대로 준비하되 굽기 전에 호박 슬라이스를 뿌린다. 로켓을 빼고 낸다.

올리브를 곁들인 달콤한 피망 피자
기본 요리법대로 준비하되 굽기 전에 피자 위에 올리브를 조금 얹는다. 로켓과 함께 내도 좋다.

케이퍼와 잣을 곁들인 달콤한 피망 피자
기본 요리법대로 준비하되 굽기 전에 씻은 케이퍼 2작은술, 잣 1큰술을 피자 위에 뿌린다. 로켓과 함께 내도 좋다.

응용

모짜렐라 치즈를 넣은 리조또 볼 튀김

기본 요리법은 *107쪽*을 보세요.

파와 모짜렐라를 곁들인 리조또 볼

기본 요리법대로 준비하되 파슬리 대신 잘게 썬 신선한 파 2큰술을 추가한다. 소 재료에서 바질 잎을 뺀다.

세이지와 모짜렐라를 곁들인 리조또 볼

기본 요리법대로 준비하되 파슬리 대신 잘게 썬 신선한 세이지 2작은술을 추가한다. 소 재료에서 바질 잎을 뺀다.

녹인 블루치즈를 곁들인 리조또 볼

기본 요리법대로 준비하되 모짜렐라 대신 네모난 블루치즈 조각을 사용한다. 소 재료에서 바질 잎을 뺀다.

녹인 모짜렐라를 곁들인 허브 리조또 볼

기본 요리법대로 준비하되 싹둑 자른 신선한 파 2큰술과 잘게 썬 신선한 박하 2작은술을 파슬리와 함께 리조또에 휘저어 섞는다.

응용

선-드라이 토마토 프리타타

기본 요리법은 *108쪽*을 보세요.

리크와 선-드라이 토마토 프리타타
기본 요리법대로 준비하되 스페인 양파 대신 자른 리크* 2개를 사용한다.

구운 피망 프리타타
기본 요리법대로 준비하되 구워 조각낸 피망 3개를 토마토와 함께 추가한다.

선-드라이 토마토와 세이지 프리타타
기본 요리법대로 준비하되 백리향을 빼고 잘게 썬 신선한 세이지 $\frac{1}{2}$작은술을 거품 낸 달걀에 추가한다.

매콤한 선-드라이 토마토 프리타타
기본 요리법대로 준비하되 양파와 함께 잘게 썬 신선한 홍고추 1~2개를 넣고 요리한다.

* 리크(leek) : 큰 부추같이 생긴 채소

응용

캐러멜 양파와 앤초비 스퀘어

기본 요리법은 111쪽을 보세요.

씨 없는 건포도를 곁들인 캐러멜 양파와 앤초비 스퀘어
기본 요리법대로 준비하고 요리가 끝나기 약 10분 전에 타르트* 위에 씨 없는 건포도 한 줌을 흩뿌린다.

파르메산 치즈를 곁들인 캐러멜 양파와 앤초비 스퀘어
기본 요리법대로 준비하되 내기 바로 전에 파르메산 치즈 부스러기를 스퀘어에 흩뿌린다.

올리브를 곁들인 캐러멜 양파와 앤초비 스퀘어
기본 요리법대로 준비하되 굽기 전에 씨를 뺀 블랙 올리브 한 줌을 타르트 위에 뿌린다.

오레가노를 곁들인 캐러멜 양파와 앤초비 스퀘어
기본 요리법대로 준비하되 백리향 대신 오레가노를 사용한다.

프로슈토를 곁들인 캐러멜 양파 스퀘어
프로슈토 슬라이스 4개를 잘라 조각낸다. 기본 요리법대로 준비하되 앤초비를 빼고 요리가 끝나기 약 10분 전에 프로슈토를 흩뿌린다.

*타르트(tart) : 속에 과일같이 달콤한 것을 넣어 위에 반죽을 씌우지 않고 만든 파이

응용

생크림과 페스토 딥을 곁들인 포테이토

기본 요리법은 112쪽을 보세요.

매콤한 포테이토

기본 요리법대로 준비하되 기름을 감자에 붓기 전에 고춧가루 1작은술과 쿠민가루 1작은술을 기름에 추가한다.

사철쑥 마요네즈를 곁들인 포테이토

기본 요리법대로 준비하되 생크림 대신 마요네즈를 사용하고, 페스토 대신 잘게 썬 사철쑥 2큰술과 강판에 간 레몬껍질 1작은술을 추가한다.

레드 페스토 딥을 곁들인 포테이토

기본 요리법대로 준비하되 그린 페스토 대신 레드 페스토를 사용한다.

레몬 마요네즈를 곁들인 포테이토

기본 요리법대로 준비하되 생크림 대신 마요네즈를 사용하고, 페스토 대신 강판에 간 레몬껍질 1작은술과 레몬즙 2작은술을 추가한다.

매콤한 레몬 마요네즈를 곁들인 포테이토

기본 요리법대로 준비하되 생크림 대신 마요네즈를 사용하고, 페스토 대신 강판에 간 레몬껍질 2작은술과 타바스코 소스 몇 방울을 추가한다.

응용

구운 카망베르

기본 요리법은 115쪽을 보세요.

햇감자를 곁들인 구운 카망베르

기본 요리법대로 준비하되 바게트 대신 치즈와 삶은 햇감자를 함께 낸다.

그리시니를 곁들인 구운 카망베르

기본 요리법대로 준비하되 빵 대신 치즈와 두툼한 그리시니 *를 함께 낸다.

방울토마토를 곁들인 구운 카망베르

기본 요리법대로 준비하되 빵 대신 치즈와 방울토마토를 함께 낸다.

마늘 토스트를 곁들인 구운 카망베르

기본 요리법대로 준비한다. 바게트를 통째로 내는 대신, 잘라서 노릇해질 때
까지 양면을 굽는다. 자른 면에 마늘을 잘라 문지른 다음 낸다.

구운 바슈랭

기본 요리법대로 준비하되 카망베르 대신 바슈랭 *을 사용한다.

* 그리시니(grissini) : 이탈리아 전역에서 볼 수 있는 그리시니는 연필 굵기에 긴 막대 모양
  으로 수분함량이 적어 딱딱하지만 담백하고 짭조름한 맛을 가지고 있는 빵이다.
* 바슈랭(vacherin) : 프랑스와 스위스의 국경지대인 산간 지방에서 생산하는 맛 좋고 부
  드러운 겨울 치즈

응용

블루치즈와 로켓을 곁들인 폴렌타 그릴구이

기본 요리법은 *116쪽*을 보세요.

블루치즈와 어린 시금치 잎을 곁들인 폴렌타 그릴구이
기본 요리법대로 준비하되 로켓 대신 어린 시금치 잎을 사용한다.

블루치즈와 방울토마토를 곁들인 폴렌타 그릴구이
기본 요리법대로 준비하되 반으로 자른 방울토마토 몇 개를 슬라이스에 올린다.

블루치즈와 배를 곁들인 폴렌타 그릴구이
기본 요리법대로 준비하되 껍질을 벗기고 속심을 제거한 배를 슬라이스에 올린다.

블루치즈와 무화과를 곁들인 폴렌타 그릴구이
기본 요리법대로 준비하되 신선한 무화과 웨지 한두 개를 슬라이스에 올린다.

타파스 테이스터

작게 조각내 음료와 함께 내는 스페인식 애피타이저로 미각을 돋우는 데 완벽하며, 활기가 넘치는 파티에 적합하다. 여기에 나오는 것 중 하나를 신중하게 선택해 손님들이 즐길 수 있도록 한다.

미니 미트볼

응용은 142쪽을 보세요.

풍부한 맛을 가진 이 미트볼은 유혹적이고 격식을 갖추지 않은 애피타이저이다. 음료와 함께 내려면 칵테일 스틱을 추가하거나, 달콤한 소스를 찍어 먹을 수 있도록 빵과 함께 낸다.

다진 소고기 살코기 175g
양파 ⅓개, 강판에 간다.
마늘 ½쪽, 으깬다.
잘게 썬 신선한 오레가노 1작은술

강판에 간 파르메산 치즈 1큰술
올리브유 1큰술
토마토 225g, 껍질을 벗기고 잘게 썬다.
소금과 후춧가루

소고기, 양파, 마늘, 오레가노 반, 파르메산 치즈를 그릇에 담고 혼합한다. 양념을 잘 맞추고 완전히 섞는다. 혼합물을 한입 크기의 볼 20개로 만든다.

눌어붙지 않는 커다란 프라이팬에 기름을 넣고 가열한다. 미트볼을 추가하고 전체적으로 갈색이 되도록 부드럽게 저으면서 요리한다. 필요하면 한꺼번에 요리하고, 갈색으로 변하면 다 된 것이므로 꺼낸다. 전부 갈색이 되었을 때 꺼낸 미트볼을 팬에 다시 담는다.

토마토와 남은 오레가노를 추가하고 소금과 후추로 양념을 한 다음, 미트볼이 완전히 요리되고 부드러워질 때까지 약 20분 동안 은근히 끓인다. 뜨거울 때, 혹은 따뜻할 때 낸다.

4인분

홍합 그릴구이

간단하면서 화려한 애피타이저로 스페인풍 느낌이 나며 식욕을 돋우는 데는 최고이다.

홍합 500g, 잘 씻는다.
말린 빵부스러기 4큰술
강판에 간 파르메산 치즈 3큰술
마늘 2쪽, 으깬다.

잘게 썬 신선한 파슬리 2큰술
올리브유 2½큰술
후춧가루

홍합의 상태를 확인하고 입을 벌리고 있거나 톡 쳤을 때 입을 닫지 않는 것은 버린다. 입을 닫은 홍합을 커다란 프라이팬에 넣고 물 3큰술을 추가한 후 뚜껑을 꼭 닫는다. 홍합이 입을 벌릴 때까지 팬을 자주 흔들면서 약 5분 동안 센불로 요리한다.

입을 벌리지 않는 홍합은 버린다. 홍합의 껍데기를 벌려서 위쪽 껍데기는 버린다. 내열 접시에 홍합을 나란히 놓는다.

그릴을 예열한다. 빵부스러기, 파르메산 치즈, 마늘, 파슬리, 기름을 섞고 후추로 양념을 한다. 빵가루 혼합물을 홍합 위에 스푼으로 떠 얹은 다음 노릇해지고 거품이 날 때까지 약 2분 동안 그릴에 굽는다. 즉시 낸다.

4인분

4인분

마늘과 칠리 새우

아주 맛있는 새우를 마늘고추기름에 찍어 먹을 수 있도록 껍질이 딱딱한 빵 덩어리를 곁들여 낸다.

올리브유 3큰술
마늘 1쪽, 으깬다.
고춧가루 ¼작은술

생 타이거새우 20마리(껍질은 그대로 둔다)
껍질이 딱딱한 빵, 곁들임용

기름을 커다란 프라이팬에 넣고 가열한 후 마늘과 칠리가 향긋해질 때까지 약 1분 동안 볶는다. 새우를 추가한 다음, 분홍빛이 돌고 완전히 익을 때까지 가끔 뒤집으면서 3~4분 더 요리한다.

새우를 접시로 옮긴다. 팬에 있는 기름을 접시에 따라 붓고, 기름에 적셔먹는 딱딱한 빵을 곁들여 즉시 낸다.

4인분

푸른 완두콩 토르띠야

응용은 145쪽을 보세요.

토르띠야는 한입거리 소품으로, 음료 또는 간단한 샐러드와 함께 좀 더 격식 있는 애피타이저로 내면 가장 좋다.

올리브유 2큰술
스페인 양파 2개, 반으로 잘라 얇게 저민다.
소금과 후춧가루

냉동 완두콩 300g(2컵), 해동한다.
달걀 6개
잘게 썬 신선한 박하잎 2작은술

눌어붙지 않는 9인치 프라이팬에 기름을 넣고 가열한다. 양파를 추가하고 소금을 조금 뿌린 다음 부드러워질 때까지 약 25분 동안 약하게 볶는다. 맛을 내기 위해 양념을 한 다음 완두콩을 넣고 휘저어 섞는다.

달걀에 박하와 양념을 넣고 거품을 낸 다음 양파와 완두콩 위에 붓는다. 약 10분 동안 약하게 요리하되 밑부분까지 요리되도록 토르띠야의 가장자리를 떼어낸다.

그릴을 예열한다. 토르띠야가 딱딱하게 굳으면 윗부분에 물기가 있을 때 그릴 밑에 놓고 윗부분이 노릇해질 때까지 약 5분 동안 요리한다. 몇 분 동안 식힌다.

팬을 접시로 덮고 팬과 접시를 조심해서 뒤집는다. 팬을 제거한다. 다른 접시를 토르띠야 위에 놓고 뒤집어 토르띠야 위-아래가 올바르게 자리 잡도록 한다. 부채꼴 모양으로 자르거나 한입거리로 잘라 따뜻할 때 또는 실온으로 낸다.

8인분

핀초

응용은 *146*쪽을 보세요.

짭조름하고 톡 쏘는 이 작은 꼬치는 스페인 전역에서 음료와 함께 제공된다. 푸짐한 식사 전에 한입거리로 부담 없이 먹기에 적당하다.

통조림 앤초비 또는 양념한 앤초비 12마리,
　물기를 뺀다.
케이퍼 베리 12개
작은 오이 식초절임 12개

앤초비를 코일처럼 말고 칵테일 스틱에 각각 꿴다.

케이퍼 베리와 작은 오이 식초절임을 각 스틱에 추가해서 낸다.

12개 분량

마늘 마요네즈를 곁들인 염장 대구 프리터

응용은 147쪽을 보세요.

염장 대구는 요리하기 전에 물에 담가두어야 하기 때문에 준비하기 위해서는 시간적 여유를 충분히 가져야 한다. 여러 번에 걸쳐 물을 갈아 준다.

우유 200㎖($\frac{4}{5}$컵)
염장 대구 225g, 24시간 동안 담가둔다.
감자 225g, 조리한 후 으깬다.
샬롯 1개, 곱게 썬다.
잘게 썬 신선한 파슬리 2큰술
후춧가루
레몬 $\frac{1}{2}$개의 즙
다목적용 밀가루 2큰술

달걀 1개, 휘젓는다.
말린 빵부스러기 40g($\frac{1}{2}$컵)
해바라기유, 튀김용

마늘 마요네즈 재료
마요네즈 120㎖($\frac{1}{2}$컵)
마늘 1$\frac{1}{2}$쪽, 으깬다.
레몬즙 1작은술

우유를 중간 크기의 팬에서 은근히 끓인다. 대구를 추가하고 생선이 쉽게 부스러질 때까지 약 10분 동안 약하게 익힌다. 껍질과 뼈를 모두 제거하고 생선살을 얇게 저며 그릇에 담는다.

감자, 샬롯, 파슬리를 추가하고 완전히 혼합될 때까지 잘 섞는다. 후추로 양념을 하고 맛을 내기 위해 레몬즙을 짜 넣는다. 패티 8~12개를 만들고 밀가루를 입힌 다음, 거품 낸 달걀을 묻히고 빵가루에 굴린다. 접시 또는 트레이에 놓고 뚜껑을 덮은 다음 최소 30분 동안 식힌다.

그 동안 마요네즈, 마늘, 레몬즙을 섞고, 후추를 갈아서 그릇에 담아 한쪽에 놔둔다. 커다란 팬에 해바라기유를 넣고 약 1분 동안 가열한다. 패티를 한꺼번에 넣고 모든 면이 노릇해질 때까지 약 3분 동안 튀긴다. 종이타월에서 기름을 빼고 마늘 마요네즈를 곁들여 낸다.

4인분

잣을 곁들인 마늘 시금치

응용은 148쪽을 보세요.

정통 타파스 요리로 식사를 시작할 때 다른 요리와 함께 내면 먹음직스럽다. 양념한 올리브와 아티초크 하트와 같이 간단한 상호보완적인 요리를 선택하고 바삭한 빵과 함께 낸다.

올리브유 2큰술   신선한 시금치 250g
잣 3큰술   소금과 후춧가루
마늘 2쪽, 으깬다.

눌어붙지 않는 커다란 팬에 기름을 넣고 가열한 다음 잣이 노릇해질 때까지 2~3분 동안 볶는다. 마늘을 넣고 약 30초 동안 약하게 볶는다.

시금치를 추가하고 잎을 뒤적이면서 풀이 죽을 때까지 약 3분 동안 요리한다. 소금과 후추로 양념을 하고 즉시 낸다.

4인분

매콤한 감자튀김과 초리조

응용은 149쪽을 보세요.

매콤한 정통 스페인 감자, 빠따따스 브라바스(patatas bravas)를 약간 변형해 만든 이 요리에 상그리아*를 큰 잔으로 한 잔 곁들여 내면 기막히다. 가능하면 아주 작은 감자를 선택하거나 커다란 감자를 반으로 자르고, 꽂아 먹을 수 있도록 칵테일 스틱을 제공한다.

햇감자 400g
올리브유 3큰술
초리조 200g, 한입 크기로 자른다.
마늘 2쪽, 으깬다.

고춧가루 ½작은술
잘게 썬 신선한 파슬리
소금

커다란 감자를 반으로 잘라 한입 크기의 조각으로 만든다. 끓는 소금물에 감자를 넣고 부드러워질 때까지 약 10분 동안 요리한다. 물기를 잘 빼고 팬에 다시 넣은 다음, 불을 끄고 팬에 남아 있는 열기로 증기 건조되도록 놔둔다.

기름을 커다란 프라이팬에 둘러 가열한다. 감자를 넣고 약 5분 동안 가끔 뒤집으면서 볶는다. 초리조를 넣고 감자가 바삭해지고 노릇해질 때까지 계속 볶는다.

마늘과 고춧가루를 뿌리고 1~2분 더 요리한다. 감자를 차림용 접시로 옮긴다. 파슬리와 약간의 소금을 뿌려서 낸다.

* 상그리아(sangria) : 적포도주에 과즙, 레모네이드, 브랜디 등을 섞은 음료

4인분

응용

미니 미트볼

기본 요리법은 *127쪽*을 보세요.

구운 피망을 곁들인 미니 미트볼
기본 요리법대로 준비하되 토마토와 함께 잘라서 구운 피망 1개를 추가한다.

고추를 곁들인 미니 미트볼
기본 요리법대로 준비하되 말린 고춧가루 ¼작은술을 소스에 추가한다.

백리향을 곁들인 미니 미트볼
기본 요리법대로 준비하되 오레가노 대신 신선한 백리향을 사용한다.

바질을 곁들인 미니 미트볼
기본 요리법대로 준비하되 오레가노 대신 신선한 바질 작은 한 줌을 사용한다.

선-드라이 토마토를 곁들인 미니 미트볼
기본 요리법대로 준비하되 즙을 빼고 오일에 담은 선-드라이 토마토 3조각을 소스에 추가한다.

응용

홍합 그릴구이

기본 요리법은 129쪽을 보세요.

파를 곁들인 홍합 그릴구이
기본 요리법대로 준비하되 파슬리 대신 싹둑 자른 파를 사용한다.

샬롯을 곁들인 홍합 그릴구이
기본 요리법대로 준비하되 곱게 썬 샬롯 1개를 토핑 혼합물에 추가한다.

사철쑥을 곁들인 홍합 그릴구이
기본 요리법대로 준비하되 파슬리 대신 잘게 썬 신선한 사철쑥 1큰술을 사용한다.

고추를 곁들인 홍합 그릴구이
기본 요리법대로 준비하되 후추 대신 카옌페퍼 한 자밤을 토핑 혼합물에 추가한다.

응용

마늘과 칠리 새우

기본 요리법은 130쪽을 보세요.

마늘 새우
기본 요리법대로 준비하되 고추를 빼고 대신 후춧가루로 양념을 한다.

강한 풍미의 마늘 칠리 새우
기본 요리법대로 준비하되 내기 전에 강판에 간 레몬껍질 ¼작은술을 새우에 흩뿌린다.

파슬리를 곁들인 마늘 칠리 새우
기본 요리법대로 준비하되 내기 전에 잘게 썬 파슬리 1~2큰술을 새우에 흩뿌린다.

파를 곁들인 마늘 칠리 새우
기본 요리법대로 준비하되 내기 전에 싹둑 자른 파 1큰술을 새우에 흩뿌린다.

응용

푸른 완두콩 토르띠야

기본 요리법은 133쪽을 보세요.

전통 토르띠야

기본 요리법대로 준비하되 완두콩 대신 잘라서 조리한 감자 300g, 박하 대신 신선한 백리향 1작은술을 사용한다.

매콤한 소시지를 곁들인 푸른 강낭콩 토르띠야

기본 요리법대로 준비하되 가늘게 자른 초리조 55g을 양파와 함께 추가한다.

선-드라이 토마토를 곁들인 푸른 강낭콩 토르띠야

기본 요리법대로 준비하되 선-드라이 토마토 4조각을 강낭콩과 함께 추가한다.

누에콩 토르띠야

기본 요리법대로 준비하되 강낭콩 대신 약하게 조리한 누에콩을 사용한다.

응용

핀초

기본 요리법은 *134쪽*을 보세요.

간편 핀초
기본 요리법대로 준비하되 작은 오이 식초절임은 뺀다.

매콤한 핀초
기본 요리법대로 준비하되 작은 오이 식초절임 대신 고추 식초절임을 사용한다.

채소 핀초
기본 요리법대로 준비하되 앤초비 대신 구운 피망을 길게 잘라 사용한다.

매콤한 채소 핀초
기본 요리법대로 준비하되 앤초비 대신 구운 피망을 길게 잘라 사용하고, 작은 오이 식초절임 대신 고추 식초절임을 사용한다.

응용

마늘 마요네즈를 곁들인 염장 대구 프리터

기본 요리법은 *137쪽*을 보세요.

레몬 마요네즈를 곁들인 염장 대구 프리터
기본 요리법대로 준비하되 마늘 대신 강판에 간 레몬껍질 ½작은술을 마요네즈에 추가한다.

허브 마요네즈를 곁들인 염장 대구 프리터
기본 요리법대로 준비하되 마늘 대신 싹둑 자른 신선한 파 1큰술과 잘게 썬 신선한 사철쑥 2작은술을 마요네즈에 추가한다.

페스토 마요네즈를 곁들인 염장 대구 프리터
기본 요리법대로 준비하되 마늘과 레몬즙 대신 페스토 1큰술을 마요네즈에 추가한다.

토마토 살사를 곁들인 염장 대구 프리터
기본 요리법대로 준비하되 마요네즈 대신 토마토 살사를 곁들여 낸다.

응용

잣을 곁들인 마늘 시금치

기본 요리법은 *138쪽*을 보세요.

잣과 건포도를 곁들인 마늘 시금치
기본 요리법대로 준비하되 내기 전에 건포도 2큰술을 뒤적여 섞는다.

잣과 초리조를 곁들인 마늘 시금치
기본 요리법대로 준비하되 잣과 함께 잘게 썬 초리조 55g을 볶는다.

잣과 고추를 곁들인 마늘 시금치
기본 요리법대로 준비하되 말린 고춧가루 한 자밤을 시금치와 함께 추가한다.

잣과 레몬을 곁들인 마늘 시금치
기본 요리법대로 준비하되 양념과 함께 레몬 1개의 즙을 짜서 추가한다.

잣과 딜을 곁들인 마늘 시금치
기본 요리법대로 준비하되 내기 전에 잘게 썬 신선한 딜 2큰술을 추가한다.

응용

매콤한 감자튀김과 초리조

기본 요리법은 141쪽을 보세요.

매콤한 감자튀김
기본 요리법대로 준비하되 초리조를 뺀다.

초리조와 마조람을 곁들인 감자튀김
기본 요리법대로 준비하되 파슬리 대신 잘게 썬 신선한 마조람 1작은술을 감자에 뿌린다.

마요네즈를 곁들인 감자튀김
기본 요리법대로 준비하되 찍어 먹을 수 있게 마늘 마요네즈 한 접시를 곁들여 낸다.

레몬 마요네즈를 곁들인 감자튀김
기본 요리법대로 준비하고 레몬 마요네즈와 함께 낸다. 레몬 마요네즈를 만들기 위해 강판에 간 레몬껍질 1작은술, 레몬즙 2작은술, 타바스코 소스 한 방울을 마요네즈 120㎖(½컵)에 넣고 휘저어 섞는다.

놀라운 메제

전통적으로 음료와 함께 내는 굉장히 맛있는 이 스낵은 애피타이저로도 훌륭하다. 초대 손님과 자리에 걸맞는 딥과 샐러드, 쉽게 먹을 수 있는 작은 꾸러미, 또 꼬치에 꿴 미트볼을 이 장에서 소개한다.

페타 필로 페스트리

응용은 167쪽을 보세요.

바삭하고 황금색을 띠는 이 페스트리는 놀라울 정도로 만들기 쉽다. 드레싱한 샐러드에 얹거나 한입 크기로 음료에 곁들여 여러 종류의 메제와 함께 낸다.

페타치즈 200g, 바순다.
잘게 썬 신선한 박하 1½큰술
달걀 2개, 거품 낸다.

후춧가루
필로 페스트리 8장
버터 50g(4큰술), 녹인다.

오븐을 190℃까지 예열한다. 구이판에 가볍게 기름을 두른다.

페타치즈, 박하, 달걀을 그릇에 담고 후추로 양념을 한 후 치즈를 으깨어 달걀과 잘 섞는다.

필로 시트를 받침대에 놓고 길이로 반 잘라 16개의 스트립을 만든다. 스트립 하나를 축축하게 해서 나머지를 덮는다. 스트립에 버터를 바르고, 한쪽 끝에 페타 혼합물 약 1큰술을 펴 발라 소시지 형태로 만든다. 치즈와 페스트리를 한두 번 만 다음, 페스트리 가장자리를 접고 치즈를 완전히 말아 시가 형태의 페스트리를 만든다. 구이판에 놓고 버터를 더 바른다. 남은 페스트리도 같은 방식으로 만든다.

페스트리가 바삭해지고 노릇해질 때까지 약 15분 동안 굽는다. 뜨거울 때 내거나, 와이어 랙으로 옮겨 식힌 후 따뜻할 때 또는 실온으로 낸다.

16개 분량

속을 채운 포도잎 롤

응용은 168쪽을 보세요.

신선한 박하, 양파, 레몬즙으로 맛을 낸, 부드럽고 즙이 많은 이 요리는 훌륭한 애피타이저이다. 단독으로 내거나, 음료와 함께 또는 양념 올리브 등의 다른 메제와 함께 낸다.

쌀 100g(½컵), 조리한다.
봄양파 1다발, 곱게 썬다.
잘게 썬 신선한 박하 3큰술
올리브유 3큰술

레몬 1개의 즙
소금과 후춧가루
저장 포도잎 20장, 헹군다.
레몬 웨지, 곁들임용

밥, 양파, 박하를 그릇에 담는다. 기름 1큰술을 위에 붓고 레몬즙 반을 추가한 다음, 소금과 후춧가루로 양념을 해 맛을 낸다. 잘 섞는다.

포도잎을 받침대에 놓는다. 밥 혼합물 1큰술을 줄기 끝부분에 몰아 놓는다. 끝부분을 접은 다음 가장자리를 접는다. 밥과 잎을 단단하게 만다. 남은 밥과 잎도 같은 방식으로 반복한다. 롤을 삼발이에 배열한다.

팬에서 은근히 끓고 있는 물 위에 삼발이를 놓고 남은 기름을 롤에 부은 후 40분 동안 찐다 (물 양을 가끔 확인하고 필요하면 보충해준다).

포도잎을 접시로 옮기고 그 위에 레몬즙을 좀 더 짜 넣은 다음 식힌다. 레몬 웨지를 곁들여 실온에서 낸다.

20개 분량

타볼레를 채운 어린 상추잎

응용은 169쪽을 보세요.

강한 풍미를 가진 타볼레*는 허브 맛이 난다. 부분적으로 요리해서 흠뻑 적셔 먹을 수 있도록 되어 있는 빻은 밀 제품(날것으로 익혀 먹는 원래의 빻은 밀과 혼동하면 안 된다)으로 견과 맛이 나는 벌거*샐러드이다. 이 타볼레로 채운 잎을 테이블에 앉아 격식 있게 먹는 애피타이저로 내거나, 음료와 함께 부담 없이 손으로 집어 먹을 수 있도록 한다.

벌거 밀 115g(½컵)	잘 익은 토마토 2개, 씨를 빼고 깍둑썰기를 한다.
소금과 후춧가루	올리브유 2큰술
잘게 썬 신선한 파슬리 28g(½컵)	레몬 ½개의 즙
잘게 썬 신선한 박하 15g(½컵)	어린 상추잎 12장

벌거 밀을 그릇에 담고 소금 한 자밤을 추가한 후 끓는 물을 채운다. 20분 동안 흠뻑 적신 후 물기를 뺀다.

벌거, 파슬리, 박하, 토마토를 커다란 그릇에서 섞고 소금과 후추로 양념을 한다. 기름을 붓고 레몬즙을 짜 넣은 후 뒤적여 섞는다.

상추잎을 차림용 접시에 잘 배열하고 타볼레를 스푼으로 떠 넣는다.

---

* 타볼레(tabbouleh) : 중동식 채소 샐러드, 으깬 밀에 토마토, 양파, 허브를 다져 넣은 것
* 벌거(bulgur) : 밀을 반쯤 삶아서 말렸다가 빻은 것

4인분

마늘 맛 토마토 가지 스택

응용은 170쪽을 보세요.

예쁜 지중해식 채소 스택으로 테이블 위의 사랑스러운 애피타이저이다. 원한다면 신선한 잎을 곁들인다.

가지 1개
올리브유 2큰술, 바르는 용도로 여분 추가
마늘 2쪽, 으깬다.

방울토마토 450g, 반으로 자른다.
신선한 바질 잎 한 줌, 찢는다.
소금과 후춧가루

그리들 팬을 가열한다. 가지를 1cm 두께의 원형 12개로 자르고 양면에 기름을 바른 다음 소금과 후추로 양념을 한다.

가지 조각들이 부드러워질 때까지 각 면을 약 5분 동안 한꺼번에 요리한다. 커다란 그릇에 옮기고 나머지 조각들을 요리하는 동안 따뜻하게 유지한다.

기름을 팬에 둘러 가열하고 마늘을 약 1분 동안 볶는다. 토마토와 양념을 추가하고 부드러워질 때까지 약 10분 동안 약하게 요리한다. 양념을 맞추고 바질을 넣은 다음 휘저어 섞는다.

가지 조각들을 접시에 배열하고 토마토를 한 스푼씩 가득 올린 다음 즉시 낸다.

4인분

요구르트 딥을 곁들인 팔라펠

응용은 171쪽을 보세요.

이 요리를 만들기 위해서는 캔에 든 것이 아닌 말린 병아리콩을 써야 한다. 그렇지 않으면 요리하는 동안 팔라펠이 부서져 버린다.

말린 병아리콩 200g(1컵), 밤새 차가운 물에 담가둔다.
양파 1개, 곱게 썬다.
마늘 1쪽, 잘게 썬다.
쿠민가루 1작은술
간 고수 1작은술
카옌페퍼 한 자밤

잘게 썬 신선한 파슬리 2큰술
플레인 요구르트 120㎖($\frac{1}{2}$컵)
잘게 썬 신선한 박하 1$\frac{1}{2}$큰술
해바라기유, 튀김용
소금과 후춧가루

병아리콩의 물기를 빼고 푸드 프로세서에 양파, 마늘, 쿠민, 고수, 카옌페퍼를 함께 넣는다. 프로세서를 작동시켜 부드러운 페이스트를 만든다. 소금과 후추로 양념을 하고 파슬리를 추가한 뒤 잠시 작동시켜 섞는다.

혼합물을 한 큰술 가득 담아 패티를 만든다. 나머지 혼합물도 똑같이 만든다. 단단하게 눌러 모양을 내고 패티가 손에 들러붙지 않도록 손을 물에 적신다. 30분 동안 놔둔다.

요구르트와 박하를 차림용 그릇에서 섞고 양념을 해 맛을 낸 다음 식힌다.

팬에 2.5cm 정도의 기름을 넣고 가열한다. 팔라펠을 모두 추가하고, 전체적으로 바삭해지고 노릇해질 때까지 한 번 뒤적이면서 약 5분 동안 요리한다. 종이타월에서 기름을 빼고 모두 요리될 때까지 따뜻하게 한다. 요구르트 딥과 함께 뜨거울 때나 따뜻할 때 낸다.

4인분, 16개

후무스

응용은 172쪽을 보세요.

중동의 정통 딥으로 피타 웨지나 채소 스틱과 함께, 또는 메제의 일부로 내면 맛이 좋다. 타히니 * 는 참깨 페이스트이다.

캔에 든 병아리콩 400g, 헹구고 물기를 뺀다.
마늘 1쪽, 으깬다.
쿠민가루 1작은술
간 고수 1작은술

타히니 1큰술
올리브유 3큰술
레몬 $\frac{1}{2}$~$\frac{3}{4}$개의 즙
소금과 후춧가루

병아리콩, 마늘, 쿠민, 고수, 타히니와 기름을 푸드 프로세서에 넣고 레몬 $\frac{1}{2}$개의 즙을 짜 넣는다.

푸드 프로세서를 작동시킨다. 가끔 그릇의 가장자리를 긁어내면서 혼합물을 부드러운 퓌레로 만든다. 소금과 후추로 양념을 하고 맛을 내기 위해 레몬즙을 좀 더 짜 넣는다.

후무스를 그릇에 담아 낸다.

* 타히니(tahini) : 중동 지역에서 먹는, 참깨를 으깬 반죽 또는 소스

4인분

양고기 코프타

응용은 173쪽을 보세요.

약간 매콤한 양고기 꼬치 요리로 모든 식사에 어울리는 맛있는 애피타이저이다. 토마토 살사와 함께 내거나, 원한다면 잘게 썬 채소 살사와 함께 내도 된다.

기름기 없이 다진 양고기 225g
알찬 봄양파 2개, 곱게 썬다.
마늘 1쪽, 으깬다.
쿠민가루 1작은술
간 고수 1작은술

카옌페퍼 ¼작은술
잘게 썬 신선한 박하 2작은술
소금과 후춧가루
토마토 살사, 곁들임용

나무 칵테일 스틱 8개를 찬물에 15분 동안 담가둔다.

그릇에서 양고기, 봄양파, 마늘, 쿠민, 고수, 카옌페퍼, 박하를 잘 섞는다. 소금과 후추로 양념을 한다. 손으로 모든 재료를 완전히 섞는다.

고기를 8조각으로 나누고 달걀 모양의 작은 볼을 만든다. 볼을 칵테일 스틱에 꿰고 눌러서 소시지 모양으로 만든다. 30분 동안 차갑게 식힌다.

그릴을 예열한다. 꼬치를 한두 번 뒤집으면서 완전히 요리될 때까지 5~8분 동안 굽는다. 토마토 살사와 함께 낸다.

4인분

레몬과 칠리를 곁들인 할루미 그릴구이

응용은 *174쪽을 보세요.*

짭짤하고 놀라운 치즈는 전통적으로 그릴에 구워 내거나, 튀겨서 씹는 질감이 부드러워지고 맛있어졌을 때 낸다. 대부분의 슈퍼마켓과 지중해 음식판매점에서 찾을 수 있다.

할루미 * 200g   레몬 1개의 즙
마늘 1쪽, 으깬다.   올리브유 2큰술
고춧가루 ½작은술

치즈를 7mm 두께로 자르고 커다란 접시에 배열한다.

마늘, 고춧가루, 레몬즙, 기름을 모두 휘저어 섞고 치즈 위에 부어 위아래를 뒤적여 잘 묻힌다. 1시간 동안 양념이 잘 배도록 놔둔다.

눌어붙지 않는 프라이팬이나 그리들 팬을 가열한다. 치즈가 노릇해지고 아주 뜨거워질 때까지 각 면을 1~2분 동안 요리한다. 치즈가 식으면서 단단해지면 즉시 낸다.

* 할루미(halloumi) : 키프로스에서 양젖을 써서 숙성시키지 않고 먹는 치즈

4인분

매콤한 당근 샐러드

응용은 175쪽을 보세요.

불타는 듯한 색의 당근 샐러드는 간단하면서 굉장히 아름답게 보이고, 모든 식사에 어울리는 부담 없고 맛있는 전채요리이다.

당근 450g, 곱게 썬다.
소금
작은 마늘 1쪽, 으깬다.
간 생강 $\frac{1}{4}$작은술
쿠민가루 $\frac{1}{2}$작은술
간 고수 $\frac{1}{4}$작은술

파프리카 가루 $\frac{1}{4}$작은술
카옌페퍼 한 자밤
레드와인 식초 2작은술
올리브유 $1\frac{1}{2}$큰술
잘게 썬 신선한 박하 1작은술, 흩뿌리는 용도로 여분
추가

당근을 물 2큰술과 함께 소스팬에 넣고 소금으로 간을 맞춘 다음, 뚜껑을 꼭 닫고 팬을 이따금 흔들면서 부드러워질 때까지 약불에서 10분 정도 요리한다. 뚜껑을 연 다음 팬에 액체가 남아있다면 모두 증발될 때까지 1~2분 동안 뚜껑을 열어 둔 채로 요리한다. 불을 끈다.

마늘, 생강, 쿠민, 고수, 파프리카, 카옌페퍼, 식초, 기름을 함께 넣어 휘저어 섞은 다음 소금으로 간을 한다. 박하를 넣고 저어 섞은 후 혼합물을 팬의 당근 위에 붓는다. 최소한 30분 동안 놔둔다.

여분의 박하를 조금 뿌리고 당근을 약불에 몇 분간 데워서 내거나, 실온에서 낸다.

4인분

응용

페타 필로 페스트리

기본 요리법은 *151*쪽을 보세요.

페타 잣 페스트리
기본 요리법대로 준비하되 구운 잣 1큰술을 페타 혼합물에 추가한다.

페타 시금치 페스트리
기본 혼합물을 준비하되 페타치즈가 달걀과 잘 섞였을 때 해동하고 물기를 빼서 잘게 썬 시금치 3큰술을 휘저어 섞는다.

페타 허브 페스트리
기본 요리법대로 준비하되 싹둑 자른 신선한 파 2작은술과 잘게 썬 신선한 파슬리 2큰술을 페타 혼합물에 추가한다.

페타 봄양파 페스트리
기본 요리법대로 준비하되 곱게 자른 봄양파 1다발을 페타 혼합물에 추가한다.

속을 채운 포도잎 롤

기본 요리법은 *153*쪽을 보세요.

딜을 곁들이고 속을 채운 포도잎 롤
기본 요리법대로 준비하되 잘게 썬 신선한 딜을 밥 혼합물에 추가한다.

매콤한 포도잎 롤
기본 요리법대로 준비하되 카옌페퍼 한 자밤을 밥 혼합물에 추가한다.

잣을 곁들이고 속을 채운 포도잎 롤
기본 요리법대로 준비하되 구운 잣 1큰술을 밥 혼합물에 추가한다.

붉은 양파를 곁들이고 속을 채운 포도잎 롤
기본 요리법대로 준비하되 곱게 썬 작은 붉은 양파 1개를 밥 혼합물에 추가한다.

응용

타볼레를 채운 어린 상추잎

기본 요리법은 *154*쪽을 보세요.

오이를 곁들인 타볼레
기본 요리법대로 준비하되 깍둑 썰고 씨를 뺀 오이 $\frac{1}{2}$개를 토마토와 함께 추가한다.

봄양파를 곁들인 타볼레
기본 요리법대로 준비하되 얇게 자른 봄양파 4개를 토마토와 함께 추가한다.

고수를 곁들인 타볼레
기본 요리법대로 준비하되 박하 대신 잘게 썬 신선한 고수 28g($\frac{1}{2}$컵)을 추가한다.

풋고추를 곁들인 타볼레
기본 요리법대로 준비하되 곱게 썰고 씨를 뺀 신선한 풋고추 1개를 토마토와 함께 추가한다.

양념 타볼레
기본 요리법대로 준비하되 쿠민가루 $\frac{1}{4}$작은술과 간 고수 $\frac{1}{4}$작은술을 토마토와 함께 추가한다.

응용

마늘 맛 토마토 가지 스택

기본 요리법은 157쪽을 보세요.

매콤한 토마토 가지 스택

기본 요리법대로 준비하되 말린 고춧가루 ½작은술을 토마토에 추가한다.

마늘 맛 토마토 가지 올리브 스택

기본 요리법대로 준비하되 반으로 자르고 씨를 뺀 블랙 올리브 10개를 토마토에 추가한다.

페타치즈를 곁들인 마늘 맛 토마토 가지 스택

기본 요리법대로 준비하되 바스러뜨린 페타치즈를 토마토 스택 위에 올린다.

파르메산 치즈를 곁들인 마늘 맛 토마토 가지 스택

기본 요리법대로 준비하되 파르메산 치즈 부스러기를 토마토 스택 위에 올린다.

오레가노를 곁들인 마늘 맛 토마토 가지 스택

기본 요리법대로 준비하되 토마토와 함께 신선한 오레가노 잎 1작은술을 추가한다. 바질은 뺀다.

응용

요구르트 딥을 곁들인 팔라펠

기본 요리법은 158쪽을 보세요.

요구르트 딥을 곁들인 매콤한 팔라펠

기본 요리법대로 준비하되 카옌페퍼 대신 말린 고춧가루 ¼작은술을 추가한다.

피타 포켓에 담은 팔라펠

기본 요리법대로 준비하되 잘게 썬 토마토와 오이를 곁들여 따뜻하게 하고 자른 피타 빵에 담아 요구르트 드레싱을 부어서 낸다.

토마토 살사를 곁들인 팔라펠

기본 요리법대로 준비하되 요구르트 딥 대신 토마토 살사를 곁들여 낸다.

오이와 요구르트 딥을 곁들인 팔라펠

기본 요리법대로 준비하되 씨를 빼고 강판에 간 오이 ½개를 요구르트 딥에 추가한다.

신선한 살사를 곁들인 팔라펠

기본 요리법대로 준비하고 아삭한 상추, 오이, 토마토 살사를 곁들여 팔라펠과 딥을 낸다.

응용

후무스

기본 요리법은 161쪽을 보세요.

아보카도 후무스

기본 요리법대로 준비하되 껍질을 벗기고 씨를 뺀 작은 아보카도 1개를 추가한다.

구운 피망 후무스

오븐을 230℃까지 예열한다. 홍피망 1개를 구이판 위에 놓고 검게 변할 때까지 약 30분 동안 굽는다. 피망을 그릇에 담고 비닐 랩으로 덮은 후 약 10분 동안 놔둔다. 껍질을 벗기고 씨를 뺀 다음 과육을 덩어리로 자른다. 기본 요리법대로 준비하되 푸드 프로세서를 작동시키기 전에 홍피망 살집을 추가한다.

참깨를 곁들인 후무스

기본 요리법대로 준비하되 타히니 대신 참깨 1큰술을 추가한다.

딜을 곁들인 후무스

기본 요리법대로 준비하되 후무스에 잘게 썬 신선한 딜을 흩뿌려 낸다.

매콤한 후무스

기본 요리법대로 준비하되 말린 고춧가루 ½작은술을 추가한다.

응용

양고기 코프타

기본 요리법은 *162쪽*을 보세요.

양고기 코프타 랩
넷으로 나눈 토르띠야에 코프타와 토마토 살사를 싸서 낸다.

소고기 코프타
기본 요리법대로 준비하되 양고기 대신 다진 소고기를 사용한다.

닭고기 또는 칠면조고기 코프타
기본 요리법대로 준비하되 양고기 대신 다진 닭고기나 칠면조 고기를 사용한다.

해리사 양념 양고기 코프타
기본 요리법대로 준비하되 쿠민, 고수, 카옌페퍼 대신 해리사* 1~2작은술을 사용한다.

레몬 양고기 코프타
기본 요리법대로 준비하되 양념과 함께 레몬 ⅓개의 껍질을 강판에 갈아 사용한다.

* 해리사(harissa) : 후추와 오일로 만드는 북아프리카의 소스

레몬과 고추를 곁들인 할루미 그릴구이

기본 요리법은 *165쪽*을 보세요.

레몬과 고추를 곁들인 할루미 그릴구이
기본 요리법대로 준비하되 마늘은 뺀다.

레몬, 마늘과 오레가노를 곁들인 할루미 그릴구이
기본 요리법대로 준비하되 고추 대신 신선한 오레가노 잎 1작은술을 추가한다.

레몬과 마늘을 곁들인 할루미 그릴구이
기본 요리법대로 준비하되 고추는 뺀다.

쿠민, 레몬과 마늘을 곁들인 할루미 그릴구이
기본 요리법대로 준비하되 고추 대신 으깬 쿠민씨 $\frac{1}{2}$작은술을 추가한다.

회향, 고추와 레몬을 곁들인 할루미 그릴구이
기본 요리법대로 준비하되 마늘 대신 으깬 회향씨 $\frac{1}{2}$작은술을 추가한다.

응용

매콤한 당근 샐러드

기본 요리법은 166쪽을 보세요.

해리사를 곁들인 당근 샐러드

기본 요리법대로 준비하되 파프리카 가루와 카옌페퍼 대신 해리사 1작은술을 사용한다.

매콤한 비트 샐러드

기본 요리법대로 준비하되 당근 대신 요리한 비트를 사용한다. 요리한 비트를 얇게 자른 다음 간단히 드레싱에 추가하고 실온에서 낸다.

매콤한 누에콩 샐러드

기본 요리법대로 준비하되 당근 대신 누에콩을 사용한다. 콩을 팬에 넣고 끓는 물에 부드러워질 때까지 약 3분 동안 요리한 다음 물을 빼고 드레싱한다.

신선한 고수를 곁들인 당근 샐러드

기본 요리법대로 준비하되 박하 대신 잘게 썬 신선한 고수 1큰술을 사용하고, 고수를 좀 더 흩뿌려 낸다.

아시아의 맛

정통 아시아 음식은 애피타이저로 시작하지 않지만, 식사시간 이외에 간식으로 먹는 멋진 스낵들은 식사 바로 전에 내도 완벽하다. 칵테일 스낵과 함께 내거나, 테이블에 앉아서 즐겨도 좋다. 독특한 디너파티를 위해서 손님들을 스시 롤이나 오리 쌈을 준비하는 데 동참시켜도 좋다.

고추식초를 곁들인 태국 크랩 케이크

응용은 *193*쪽을 보세요.

매콤하고 작은 생선 케이크는 동남 아시아식 음식의 첫 번째 메뉴로 완벽하지만, 칵테일과 함께 내는 스낵으로도 훌륭하다.

게살 통조림 170g 2통, 즙을 뺀다.
레드 카레 페이스트 2작은술
신선한 생강 갈아서 1작은술
잘게 썬 신선한 고수 잎 2큰술
태국 피시소스 $\frac{1}{2}$작은술
달걀 1개
다목적용 밀가루 2큰술

해바라기유, 튀김용

고추식초 재료
설탕 1큰술
청주식초 $\frac{1}{4}$컵
태국 피시소스 2작은술
신선한 홍고추 2개, 씨를 빼고 자른다.

고추식초를 준비한다. 설탕, 식초, 피시소스를 팬에 담아 데우고 설탕이 녹을 때까지 부드럽게 휘저어 섞는다. 작은 그릇에 붓고 고추를 추가한 다음 한쪽에서 식힌다.

그릇에 게살, 카레 페이스트, 생강, 고수, 피시소스를 넣고 포크를 이용해서 모두 잘 섞는다. 달걀을 휘저어 섞은 다음 밀가루를 뿌리고 잘 섞어 혼합한다. 혼합물로 16개의 작은 생선 케이크를 만든다.

눌어붙지 않는 프라이팬에 기름 1큰술을 넣고 가열한다. 생선 케이크를 한 면당 2~3분씩 노릇해질 때까지 한꺼번에 튀긴다. 종이타월에서 기름을 잘 빼고 디핑용으로 고추식초를 곁들여 뜨거울 때 낸다.

16개 분량

매콤한 땅콩소스를 곁들인 치킨 사테이

응용은 *194쪽*을 보세요.

인도네시아식 꼬치는 바비큐를 즐기기 시작하는 단계로 아주 적당하며, 식사 중 또는 식사 전 술안주로 실내에서 만들어 먹을 수 있다.

껍질을 벗기고 **뼈를** 발라낸 닭가슴살 3개
마늘 1쪽, 으깬다.
강판에 간 신선한 생강 1작은술
강판에 간 라임 1개의 껍질과 즙
태국 피시소스 1작은술

땅콩소스 재료
코코넛 우유 2큰술
고소한 땅콩버터 4큰술
라임 ½개의 즙
고춧가루 ¼작은술

닭가슴살을 각각 4개의 조각으로 길게 자른다. 마늘, 생강, 라임 껍질과 즙, 피시소스를 혼합해서 닭가슴살에 붓는다. 뚜껑을 덮고 1시간 동안 양념이 배게 한다. 그 동안 대나무 꼬치 12개를 찬물에 담가둔다.

그릴을 예열한다. 닭가슴살 조각을 각 꼬치에 꿴다. 닭가슴살이 완전히 익을 때까지 한 면당 약 3분씩 요리한다.

코코넛 우유와 땅콩버터가 부드러워지고 크림같이 될 때까지 함께 휘저어 섞는다. 라임즙과 고추를 넣고 휘저어 섞는다. 치킨 사테이와 함께 즉시 낸다.

12개 분량

소금 후추 오징어

응용은 *195쪽*을 보세요.

바삭하고 부드러운 오징어 튀김은 모든 음식에 어울리는 멋진 스타터이다. 오징어를 음료와 함께 낼 때 고리 모양의 오징어 몸통을 찍어 먹을 수 있도록 칵테일 스틱을 제공한다.

오징어 450g, 씻는다.
라임 2개의 즙
굵은 천일염 ½작은술
후춧가루 1큰술

쌀가루 70g(⅓컵)
해바라기유, 튀김용
라임 웨지와 달콤한 칠리소스, 곁들임용

오징어 몸통에서 머리와 다리를 당겨 떼어낸다. 몸통 안에 있는 플라스틱 같은 가시를 떼어 내 버리고 몸통을 고리 모양으로 자른다. 라임즙을 짜 넣고 뒤적여 섞은 다음 냉장고에서 약 15분 동안 숙성한다.

소금, 후추, 쌀가루를 섞는다. 오징어의 물기를 종이타월로 톡톡 두드려 말린 다음 고리를 소금 후추 혼합물에 버무린다.

팬에 기름을 ⅓정도 채우고 180℃까지, 또는 빵조각이 약 1분 안에 노릇해질 때까지 가열한다.

오징어가 바삭하고 노릇해질 때까지 약 1분 동안 모두 함께 튀긴다. 종이타월로 기름을 잘 빼고 라임 웨지를 짜 넣은 다음 디핑용으로 달콤한 칠리소스를 곁들여 낸다.

4인분

과일 맛 양고기 사모사

응용은 *196쪽을 보세요.*

전통적으로 인도의 사모사는 튀기지만, 건강을 위해 필로* 페스트리로 만들어 굽는다.

해바라기유 2큰술
작은 양파 1개
마늘 2쪽, 으깬다.
다진 양고기 225g
쿠민가루 1½작은술
간 고수 1½작은술

카옌페퍼 ½작은술
망고 처트니* 1작은술, 차림용으로 여분 추가
필로 페스트리 시트 12장
버터 50g(3½큰술), 녹인다.
소금과 후춧가루

오븐을 200℃까지 예열한다. 구이판에 가볍게 기름을 두른다. 눌어붙지 않는 팬에서 기름을 가열하고 양파와 마늘을 약 4분 동안 약하게 볶는다. 양념을 휘저어 섞는다. 양고기를 넣고 전체적으로 노릇해질 때까지 2~3분 동안 저으면서 볶는다. 과도한 지방을 덜어낸 다음 망고 처트니를 휘저어 섞고 양념을 해서 맛을 낸다.

페스트리 시트를 받침대 위에 놓고 버터를 붓으로 바른 다음 길게 접어 두께가 두 배인 스트립을 만든다. 버터를 더 바른다. 스푼에 양고기 혼합물을 가득 담아 페스트리의 아래쪽 가장자리에 놓는다. 페스트리를 삼각형으로 접어 소를 에워싼다. 삼각형의 모서리와 모서리를 맞물리게 계속 접어 봉인된 삼각형 페스트리를 만든다. 이와 같이 반복해 사모사 11개를 더 만든다. 사모사를 구이판에 놓고 15~20분 동안 바삭하고 노릇해질 때까지 굽는다. 망고 처트니를 곁들여 찍어 먹도록 한다.

* 필로(phyllo) : 얇은 모양의 페스트리를 만드는 매우 묽은 밀가루 반죽
* 처트니(chutney) : 과일, 설탕, 향신료와 식초로 만든 걸쭉한 소스

12개 분량

스시 롤

응용은 197쪽을 보세요.

전통적인 스시는 특히 낱알이 짧은 일본 쌀을 사용해 만들지만, 슈퍼마켓에서 더 구하기 쉬운 끈적끈적한 재스민 쌀로도 만들 수 있다.

재스민 쌀 또는 바스마티 쌀* 200g(1컵)
쌀식초 2큰술
설탕 1½작은술
소금 ½작은술
김 3장
간장과 생강 초절이, 곁들임용

소 재료
마요네즈 1큰술
와사비 페이스트 ¼작은술
통조림 게살 85g
오이 ¼개, 씨를 빼고 성냥개비처럼 길게 자른다.

쌀을 팬에 담고 끓는 물 570ml(2½컵)을 붓는다. 다시 끓인 후 불을 줄이고, 12분 동안 뜸을 들인다. 불을 끄고 10분 동안 뚜껑을 덮어 놓는다. 그동안 식초, 설탕, 소금을 섞는다. 밥을 다시 그릇에 담고 식초를 붓는다. 잘 섞은 다음 실온에서 식도록 놔둔다. 마요네즈와 와사비를 혼합한 다음 게살을 섞는다. 김을 길이로 반 잘라 6장을 만든다. 김을 대나무 김발에 올리고, 긴쪽 가장자리를 따라 밥을 한 줄로 놓는다. 게살 혼합물 약간과 오이 조각을 밥 위에 펴 올린다. 김발을 사용해서 속이 단단해지도록 김을 만다. 잘 드는 칼로 롤을 잘라 작은 스시 롤 6개를 만든다. 칼이 끈적끈적해지면 물로 헹궈서 닦아낸다. 나머지 김, 게살, 오이를 갖고 위와 같이 반복한다. 접시에 담아 디핑용 간장, 생강절임과 함께 낸다.

* 바스마티 쌀(basmati rice) : 낱알이 길고 향내가 나는 쌀

36개 분량

베트남 크리스탈 롤

응용은 198쪽을 보세요.

이 롤은 식욕을 돋우는 데 기막히게 좋을 뿐만 아니라 지방도 적다. 직접 만들어 먹는 재미도 있는 애피타이저이기 때문에, 손님들이 스스로 롤을 만들 수 있도록 모든 재료를 그릇에 담는다.

베트남 라이스 랩 12장
콩나물 2줌
당근 1개, 성냥개비 모양으로 자른다.
오이 ½개, 씨를 빼고 성냥개비 모양으로 자른다.
단단한 두부 115g, 작고 네모지게 자른다.

봄양파 3개, 얇게 자른다.
마늘 2쪽, 곱게 다진다.
땅콩 40g(¼컵), 잘게 다진다.
간장과 달콤한 칠리소스, 붓는 용도
고수잎 한 줌

커다랗고 얕은 그릇에 물을 채운다. 라이스 랩이 부드러워질 때까지 약 20분 동안 물에 담근다. 접시에 놓는다.

랩 중간에 콩나물을 놓는다. 그 위에 당근, 오이, 두부, 봄양파, 마늘, 땅콩을 올린다. 간장과 칠리소스를 조금 붓고 고수 잎을 약간 흩뿌린다.

랩의 짧은 쪽 가장자리를 접어 속을 감싼 다음 단단하게 말아 봉인된 꾸러미를 만든다. 나머지 랩과 소를 가지고 위와 같이 반복해 만든 후 즉시 낸다.

12개 분량

북경오리 쌈

이 작은 오리 쌈은 음료를 곁들여 손으로 집어 먹을 수 있도록 하거나, 약간의 샐러드 잎과 함께 접시에 담아도 모양이 아주 예쁜 애피타이저이다.

뼈 없는 오리가슴살 2덩이
소금
중국 호떡 12개, 반으로 자른다.
해선장 2큰술
대파 6토막, 채를 썬다.

오이 ½개, 씨를 빼고 성냥개비 모양으로 자른다.

양념 재료
간장 1큰술
꿀 1큰술
중국 오향가루 ½작은술

오리 가슴살에 있는 지방에 격자 모양의 선을 긋고 소금으로 문지른다. 양념을 만들기 위해 간장, 꿀, 오향가루를 섞는다. 양념을 스푼으로 떠서 오리의 살 쪽에 떠 넣는다. 최소한 1시간 동안 냉장고에서 숙성한다.

양념에서 오리를 꺼내 톡톡 두드리면서 말린다. 오리의 지방층이 아래로 향하게 팬에 담는다. 약 10분 동안 요리한 후 대부분의 지방을 덜어 내고 뒤집는다. 완전히 요리될 때까지 5분 동안 볶는다. 받침대로 옮기고 5분 동안 그대로 놔둔다.

그동안 호떡에 해선장을 얇게 펴 바른다. 오리를 얇게 잘라 호떡 위에 슬라이스 2개를 놓고 파 약간, 오이 조각 몇 개를 올린다. 호떡을 접어 콘을 만든다. 남은 호떡, 오리, 파, 오이를 이용해서 추가로 더 만들어 낸다.

4인분

돼지갈비 글레이즈

응용은 200쪽을 보세요.

음료를 마시면서 뜯어 먹을 수 있도록, 또는 테이블에 앉아 편안하게 먹는 애피타이저로 샐러드 위에 얹어 낸다. 끈적이는 손가락을 닦을 수 있도록 냅킨을 충분히 준비한다.

꿀 3큰술
간장 1작은술
중국 오향가루 2작은술

후춧가루
돼지갈비 12개

오븐을 200℃까지 예열한다.

꿀, 간장, 오향가루를 혼합하고 커다란 그릇에 담아 후추로 양념을 한다. 갈비를 넣고 돌리면서 꿀 혼합물을 골고루 묻힌다.

갈비를 구이 팬에 한 층으로 쌓고 남은 글레이즈*를 모두 바른 다음, 윤이 나고 갈색으로 변할 때까지 30분 동안 굽는다. 뜨거울 때 낸다.

* 글레이즈(glaze) : 달걀, 우유, 설탕을 휘저어 만든 것으로 케이크 등에 광택을 내기 위해 쓰인다.

4인분

요구르트를 곁들인 완두콩 감자 파코라

응용은 201쪽을 보세요.

이 바삭하고 매콤한 한입거리 반죽은 플레인 요구르트를 곁들여 찍어 먹을 수 있도록 하면 맛이 좋다. 음료와 함께 스낵으로 내거나, '아시아식 딥과 렐리시' 중 하나와 함께 낸다.

감자 450g, 삶아서 으깬다.
냉동 완두콩 125g(1컵), 해동한다.
신선한 풋고추 2~3개, 씨를 빼고 곱게 썬다.
대파 4줄기, 곱게 썬다.
쿠민가루 2작은술
간 고수 1작은술
잘게 썬 고수 잎 3큰술
고춧가루 ½작은술

녹두가루(병아리콩가루 또는 베산*) 115g(1컵)
강황가루 1작은술
베이킹파우더 1작은술
차가운 물 200ml(⅞컵)
해바라기유, 튀김용
소금
플레인 요구르트, 곁들임용

감자, 완두콩, 고춧가루, 봄양파, 쿠민가루, 고수, 고수 잎을 그릇에 담아 섞는다. 소금으로 양념을 하고 잘 휘저어 섞는다. 혼합물을 호두만한 볼 16개로 만들어 30분 동안 차갑게 한다.

녹두가루, 양념, 베이킹파우더를 그릇에 담고 섞은 다음 물 ⅔정도를 붓고 걸쭉하고 부드러운 페이스트 형태가 될 때까지 포크로 휘젓는다. 남은 물을 섞어 부드러운 반죽을 만든다.

팬에 ⅓정도 기름을 붓고 180℃까지 또는 빵조각이 1분 내에 갈색이 될 때까지 가열한다. 감자 볼을 반죽에 살짝 담근 후 황금색이 되고 바삭해질 때까지 1분 동안 한꺼번에 튀긴다. 구멍이 난 스푼으로 건져 종이타월로 기름을 뺀다. 뜨겁게 보관한다. 디핑용 요구르트와 함께 낸다.

* 베산(besan) : 이집트의 요리에 이용하는 콩으로 만든 밝은 노란색 가루

4인분

고추식초를 곁들인 태국 크랩 케이크

기본 요리법은 177쪽을 보세요.

그린 카레 크랩 케이크

기본 요리법대로 준비하되 레드 카레 페이스트 대신 그린 카레 페이스트를 사용한다.

레몬그라스를 곁들인 태국 크랩 케이크

신선한 레몬그라스 줄기 1개의 구근을 곱게 썬다. 기본 요리법대로 준비하되 잘게 썬 레몬그라스를 크랩 케이크 혼합물에 추가한다.

강한 풍미의 태국 크랩 케이크

기본 요리법대로 준비하되 레몬 1개의 껍질을 강판에 갈아 크랩 케이크 혼합물에 추가한다.

달콤한 칠리소스를 곁들인 태국 크랩 케이크

기본 요리법대로 준비하고 크랩 케이크에 고추식초 대신 칠리소스를 곁들여 낸다.

매콤한 땅콩소스를 곁들인 치킨 사테이

기본 요리법은 179쪽을 보세요.

돼지고기 사테이

기본 요리법대로 준비하되 닭 대신 돼지 엉덩잇살을 길게 잘라 사용한다.

소고기 사테이

기본 요리법대로 준비하되 닭 대신 소고기 살코기를 길게 잘라 사용한다.

두부 사테이

기본 요리법대로 준비하되 닭 대신 단단한 두부를 길게 잘라 사용한다.

새우 사테이

기본 요리법대로 준비하되 닭 대신 껍데기를 벗긴 생 타이거 새우를 사용한다. 꼬치 1개에 새우 2개를 꿴다.

응용

소금 후추 오징어

기본 요리법은 *180*쪽을 보세요.

매운 칠리 오징어
기본 요리법대로 준비하되 후추 대신 말린 고춧가루 1작은술을 사용한다.

매콤한 소금 후추 오징어
기본 요리법대로 준비하되 소금 후추 혼합물에 쿠민가루 1작은술을 추가한다.

고수를 곁들인 소금 후추 오징어
기본 요리법대로 준비하되 오징어 튀김에 잘게 썬 신선한 고수 잎을 흩뿌려
낸다.

레몬을 곁들인 소금 후추 오징어
기본 요리법대로 준비하되 라임 대신 레몬을 사용한다.

응용

과일 맛 양고기 사모사

기본 요리법은 *183쪽*을 보세요.

매콤한 소고기 사모사
기본 요리법대로 준비하되 양고기 대신 다진 소고기를 사용하고 망고 처트니는 뺀다.

매콤한 닭고기 사모사
기본 요리법대로 준비하되 양고기 대신 다진 닭고기를 사용한다.

매콤한 돼지고기 사모사
기본 요리법대로 준비하되 양고기 대신 다진 돼지고기를 사용한다.

매콤한 양고기와 완두콩 사모사
기본 요리법대로 준비하되 냉동 완두콩 50g($\frac{1}{2}$컵)을 해동해서 양고기 혼합물에 추가한다.

고수를 곁들인 매운 양고기 사모사
기본 요리법대로 준비하되 잘게 썬 신선한 고수 3큰술을 양고기 혼합물에 추가한다.

스시 롤

기본 요리법은 *184*쪽을 보세요.

구운 피망과 크랩 스시 롤
기본 요리법대로 준비하되 오이 대신 구운 피망 스트립을 사용한다.

아보카도와 훈제 연어 스시 롤
기본 요리법대로 준비하되 크랩 혼합물과 오이 대신 훈제 연어 스트립과 으깬 아보카도를 사용한다.

에그 컵 스시
기본 요리법대로 스시 밥을 만든다. 에그 컵* 안에 비닐 랩을 대고 훈제 연어를 얇게 잘라 안에 눌러 넣은 다음 꺼낸다. 위와 같이 반복해서 더 많은 스시 틀을 만든다.

참치와 오이 스시
기본 요리법대로 준비하되 게살 대신 참치를 사용한다.

구운 피망과 아보카도 스시
기본 요리법대로 준비하되 게살 대신 와사비를 섞은 으깬 아보카도를 사용하고, 오이 대신 구운 홍피망 스트립을 사용한다.

* 에그 컵(egg-cup) : 삶은 달걀 한 개를 담는 작은 그릇

응용

베트남 크리스탈 롤

기본 요리법은 *187*쪽을 보세요.

아보카도 베트남 크리스탈 롤

껍질 벗긴 아보카도 1개를 잘게 깍둑썰기 하고, 콩나물 위에 다른 속 재료를 흩뿌린다.

파프리카 베트남 크리스탈 롤

빨간 또는 노란 파프리카 1개를 잘게 깍둑썰기 하고, 콩나물 위에 다른 속 재료를 흩뿌린다.

닭고기 베트남 크리스탈 롤

요리한 뼈 없는 닭가슴살 1개의 껍질을 벗기고 깍둑썰기해서 두부 대신 사용한다.

바질 베트남 크리스탈 롤

기본 요리법대로 준비하되 고수 대신 잘게 썬 신선한 바질을 사용한다.

박하 베트남 크리스탈 롤

기본 요리법대로 준비하되 고수 대신 잘게 썬 신선한 박하를 사용한다.

응용

북경오리 쌈

기본 요리법은 188쪽을 보세요.

달콤하고 매콤한 오리 쌈
기본 요리법대로 준비하되 해선장 대신 달콤한 칠리소스를 호떡에 펴 바른다.

신선한 망고 오리 쌈
껍질을 벗기고 씨를 뺀 망고 ½개를 성냥개비 모양으로 길게 자른다. 기본 요리법대로 준비하되 망고 조각 몇 개를 쌈에 추가한다.

생강 오리 쌈
기본 요리법대로 준비하되 강판에 간 신선한 생강 1작은술을 오리 양념에 추가한다.

마늘 양념 오리 쌈
기본 요리법대로 준비하되 으깬 마늘 1쪽을 양념에 휘저어 섞는다.

콩나물 오리 쌈
기본 요리법대로 준비하되 말기 전에 콩나물 약간을 소를 채운 호떡에 추가한다.

응용

돼지갈비 글레이즈

기본 요리법은 *191*쪽을 보세요.

매콤한 돼지갈비 글레이즈

기본 요리법대로 준비하되 말린 고추 $\frac{1}{2}$개를 으깨서 꿀과 간장 혼합물에 추가한다.

돼지갈비 생강 글레이즈

기본 요리법대로 준비하되 강판에 간 신선한 생강 1작은술을 꿀과 간장 혼합물에 추가한다.

돼지갈비 계피 글레이즈

기본 요리법대로 준비하되 계피 1작은술을 꿀과 간장 혼합물에 추가한다.

돼지갈비 쿠민 글레이즈

기본 요리법대로 준비하되 쿠민가루 1작은술을 꿀과 간장 혼합물에 추가한다.

응용

요구르트를 곁들인 완두콩 감자 파코라

기본 요리법은 192쪽을 보세요.

토마토 양파 샐러드를 곁들인 완두콩 감자 파코라

붉은 양파 1개를 곱게 자르고 씨를 뺀 토마토 4개를 깍둑썰기한다. 소금과 후추로 양념을 하고 라임 1개의 즙을 추가한 다음 파코라와 함께 낸다.

박하향 완두콩 감자 파코라

기본 요리법대로 준비하되 신선한 고수 대신 잘게 썬 신선한 박하 1½큰술을 사용한다.

망고 처트니를 곁들인 완두콩 감자 파코라

기본 요리법대로 준비하되 망고 처트니와 함께 낸다.

박하 요구르트를 곁들인 완두콩 감자 파코라

잘게 썬 신선한 박하 3큰술을 플레인 요구르트 235ml(1컵)에 휘저어 섞고 소금 한 자밤, 카옌페퍼 한 자밤으로 양념을 한다. 파코라와 함께 낸다.

즉석 카나페와 오르되브르

우아한 스타터로 쉽고 빠르게 만들 수 있으면서 맛
도 좋다. 주방에서 시간을 적게 보내면 손님들과
더 많은 시간을 가질 수 있다. 하지만 이 우아한
한입거리 소품을 내 놓으면 시간과 노력을 덜 들
였다고 그 누구도 생각지 못할 것이다.

후무스와 구운 피망 미니 랩

응용은 219쪽을 보세요.

예쁜 바람개비 모양 토르띠야는 10분 안에 만들 수 있다. 즉석에서 즐기기에는 완벽한 선택이
다.

부드러운 토르띠야 2개   병조림 홍피망 2개
후무스 6큰술   후춧가루

토르띠야를 받침대 위에 놓고 각각 후무스 3큰술을 펴 바른다.

피망을 종이타월로 톡톡 두드려 말린 다음, 길게 잘라 토르띠야 위에 얹는다. 후추로 양념을
하고 토르띠야를 단단히 만다. 롤의 가장자리를 정리하고 각 롤을 6개의 조각으로 자른다. 미
니 랩을 차림용 접시에 배열한다.

12개 분량

캐비아를 곁들인 미니 블린

응용은 220쪽을 보세요.

대부분의 괜찮은 슈퍼마켓에서 블린* 팩을 살 수 있다. 이 카나페는 미리 준비해 차게 내도 되지만 따뜻할 때 내는 것이 훨씬 더 좋다.

미니 블린 12개
샌크림 또는 사워크림 6큰술
강판에 간 레몬껍질 ¾작은술

고추냉이 ½작은술
캐비아 1~2큰술
잘게 썬 쪽파, 흩뿌림용(선택사항)

블린을 데우기 위해 봉지에 쓰여 있는 설명에 따라 오븐을 예열한다. 샌크림 또는 사워크림을 레몬껍질, 고추냉이와 혼합하여 한쪽에 놓아둔다.

블린을 구이판에 놓고 약 5분 동안 또는 포장지에 적혀있는 설명에 따라 데운다. 블린을 차림용 접시에 배열한다.

캐비아 약 ¼작은술과 샌크림 또는 사워크림을 한 스푼 가득 블린에 얹는다. 잘게 썬 쪽파를 흩뿌린 후 낸다.

* 블린(blin) : 러시아 팬케이크의 일종

12개 분량

완두콩과 햄 크로스티니

응용은 221쪽을 보세요.

크로스티니를 만들기 위해 보기 좋고 폭이 좁은 바게트를 산다. 커다란 것 밖에 없다면 반으로 잘라 한입거리 토스트로 만든다.

샬롯 2개, 곱게 다진다.
올리브유 2큰술, 붓는 용도로 여분 추가
냉동 완두콩 140g(1컵)
화이트와인 2큰술
프로슈토 3조각(길게 자른 것)

작은 바게트 슬라이스 12개
마늘 1쪽, 반으로 자른다.
잘게 썬 신선한 박하, 흩뿌림용
소금과 후춧가루

샬롯을 기름에 넣고 약간 부드러워질 때까지 약 3분 동안 약하게 요리한다. 완두콩과 와인을 추가하고 완두콩이 부드러워질 때까지 약 4분 동안 약불에 요리한다.

프로슈토 스트립을 너비 방향으로 각각 반으로 자른 다음 다시 가로로 잘라 12개로 나눈다. 완두콩과 즙을 푸드 프로세서에 넣고 소금과 후추로 양념을 한 다음, 푸드 프로세서를 작동시켜 덩어리가 든 퓌레를 만든다.

그릴을 예열한다. 빵이 노릇해질 때까지 양쪽 면을 구워 토스트를 만든다. 구운 토스트 한 쪽에 마늘을 잘라 문지른 다음, 스푼으로 으깬 완두콩을 위에 올리고 햄 트위스트로 마무리한다. 원한다면 기름을 좀 더 붓고 후추를 갈아 뿌린다.

크로스티니에 박하를 흩뿌려서 즉시 낸다.

12개 분량

양파 렐리시를 곁들인 미니 포파덤

응용은 222쪽을 보세요.

간단하고 부담스럽지 않으며 상큼한 인도식 비스킷에 칵테일을 곁들이면 가장 좋다. 좀 더 격식 있는 자리에서는 렐리시 *를 그릇에 담아 떠먹기 위한 포파덤 *과 함께 낸다.

붉은 양파 1개, 4등분하여 얇게 저민다.
오이 ½개, 반으로 갈라 씨를 뺀 후 자른다.
풋고추 1개, 씨를 빼고 곱게 자른다.
간 고수 ¼작은술
잘게 썬 신선한 고수 잎 한 줌, 잘게 썬다.

설탕 한 자밤
라임 1개의 즙
미니 포파덤 16개
소금과 후춧가루

양파, 오이, 고추를 그릇에 담는다. 간 신선한 고수, 설탕을 흩뿌리고 소금으로 양념을 한 다음 라임즙을 짜 넣는다. 뒤적여 섞는다.

미니 포파덤을 접시에 배열하고 양파 렐리시를 한 스푼 가득 채운다. 즉시 낸다.

* 렐리시(relish) : 달고 시게 초절임한 열매채소를 다져서 만든 양념류
* 포파덤(poppadum) : 기름에 얇게 구운 동남아시아 지역의 빵. 흔히 카레와 함께 먹음

16개 분량

페스토와 아티초크 브루스케타

응용은 223쪽을 보세요.

이 브루스케타*보다 더 간단한 것은 없다. 숯불에 굽고 양념한 다양한 종류의 아티초크가 있다면 원하는 종류를 선택한다.

페스토 2큰술
생크림 2큰술
얇은 바게트 빵 슬라이스 12개

신선한 바질 잎 12장
숯불에 구운 아티초크 12조각, 즙을 뺀다.
후춧가루

페스토와 생크림을 혼합한 다음 한쪽에 둔다.

그릴을 예열하고, 빵 양면이 노릇해질 때까지 굽는다. 구워 만든 토스트에 페스토 혼합물을 펴 바른 다음 아티초크 속잎을 위에 올리고 신선한 바질 잎을 더한다. 후추로 양념을 하고 준비되는 대로 낸다.

*브루스케타(bruschetta) : 바게트에 야채, 치즈 등을 얹어 만든 요리

12개 분량

염소젖 치즈와 무화과를 곁들인 호두 토스트

응용은 224쪽을 보세요.

시큼하고 톡 쏘는 듯한 염소젖 치즈와 달콤한 즙을 가진 무화과는 푸짐한 호두 토스트 위에 얹으면 간단하고 우아한 카나페와 자연스럽게 잘 어울린다.

호두 빵 4조각
염소젖 치즈 115g

구운 잣 2큰술
무화과 2개, 각각 6개의 웨지로 자른다.

그릴을 예열한다. 빵 조각을 각각 한입 크기 3개로 자르고 한쪽 면을 굽는다.

염소젖 치즈를 12개의 한입거리 크기로 자른다. 토스트를 뒤집어 요리하지 않은 쪽이 위로 향하게 한다. 토스트 위에 치즈 한 조각을 올리고 황금색이 되고 거품이 날 때까지 약 2분 동안 굽는다.

잣을 토스트 위에 뿌리고 무화과 웨지를 올린 다음 즉시 낸다.

12개 분량

사워크림과 비트를 곁들인 호밀흑빵

응용은 225쪽을 보세요.

독특한 맛을 가진 이 짙은 갈색 호밀흑빵은 동유럽식 카나페의 달콤하고 즙이 많은 비트와 사워크림과 절묘하게 잘 어울린다.

발사믹 식초 1작은술
올리브유 1작은술
통밀 겨자 $\frac{1}{4}$~$\frac{1}{2}$작은술
요리한 비트 2개, 곱게 깍둑썰기한다.

호밀흑빵 4조각
사워크림 120ml($\frac{1}{2}$컵)
신선한 파, 고명용으로 잘라서

식초, 기름, 겨자를 커다란 그릇에서 섞는다. 비트를 추가하고 드레싱과 함께 뒤적인다.

호밀흑빵을 각각 네모지게 4개의 조각으로 자르고 차림용 접시에 배열한다. 각 조각 위에 사워크림 약간, 비트 한 스푼을 올리고 파를 흩뿌린다. 준비되는대로 낸다.

4인분

훈제 고등어 파테 토스트

응용은 226쪽을 보세요.

음료와 함께 내는 스낵으로 아주 간단하게 만들 수 있으며, 샐러드와 함께 좀 더 격식 있는 자리의 스타터로 낼 수 있다. 남은 파테는 용기에 담고 뚜껑을 덮어 냉장고에 3~4일 보관할 수 있다.

훈제 고등어 살코기 200g, 껍질을 벗긴다.
그리스 요구르트 120㎖($\frac{1}{2}$컵)
레몬 $\frac{1}{4}$~$\frac{1}{2}$개의 즙

통밀 빵 4조각
잘게 썬 신선한 파슬리, 고명용
후춧가루

생선과 요구르트를 푸드 프로세서에 넣고 후추로 양념을 한 다음, 푸드 프로세서를 작동시켜 부드러운 파테를 만든다. 맛을 내기 위해 레몬즙을 넣고 휘저어 섞는다.

빵에서 껍질을 제거하고 양쪽 면을 굽는다. 구워 만든 토스트를 각각 3조각으로 길게 자르고 파테를 펴 바른 다음 잘게 썬 신선한 파슬리를 흩뿌려 낸다.

4인분

블루치즈와 배를 곁들인 크로스티니

응용은 227쪽을 보세요.

얼얼하고 짭조름한 블루치즈와 달콤하고 즙이 많은 배는 바삭하고 작은 토스트와 절묘한 조화를 이룬다. 크림이 많이 든 고르곤졸라 치즈 * 가 특히 좋지만 다른 블루치즈도 괜찮다.

배 1개
얇은 바게트 슬라이스 12개

고르곤졸라 치즈 75g, 얇게 자른다.
금방 간 검정 후춧가루

배의 껍질을 벗기고 속심을 제거한 다음 12개의 얇은 웨지로 자른다.

그릴을 예열하고 빵의 양쪽 면이 노릇해질 때까지 굽는다. 구워 만든 토스트 위에 각각 블루치즈 한 조각, 배 한 조각을 얹고 후추를 곱게 갈아 뿌린다. 즉시 낸다.

* 고르곤졸라 치즈(gorgonzola cheese) : 소젖으로 만든 짭짤하고 자극적인 맛의 이탈리아 치즈

12개 분량

응용

후무스와 구운 피망 미니 랩

기본 요리법은 203쪽을 보세요.

후무스, 구운 피망과 바질 미니 랩

기본 요리법대로 준비하되 말아서 자르기 전에 피망 위에 신선한 바질 잎을
조금 뿌린다.

후무스, 구운 피망과 달콤한 칠리소스 미니 랩

기본 요리법대로 준비하되 달콤한 칠리소스 1작은술을 피망 위에 뿌리고, 말
기 전에 후무스를 펴 바른 랩에 조금씩 붓는다.

크림치즈와 홍피망 미니 랩

기본 요리법대로 준비하되 후무스 대신 크림치즈를 사용한다.

크림치즈와 훈제 연어 미니 랩

훈제 연어 55g을 길게 자른다. 기본 요리법대로 준비하되 후무스 대신 크림
치즈를 사용하고 랩에 피망 대신 훈제연어를 사용한다.

후무스, 당근과 고수 미니 랩

당근 1개의 껍질을 벗기고 강판에 간다. 신선한 고수 잎을 잘게 썬다. 기본 요
리법대로 준비하되 홍피망 대신 강판에 간 당근을 후무스에 넣고, 말기 전에
고수 잎을 흩뿌린다.

응용

캐비아를 곁들인 미니 블린

기본 요리법은 205쪽을 보세요.

구운 피망 스트립을 곁들인 미니 블린

기본 요리법대로 준비하되 캐비아 대신 병에 들어 있는 구운 피망 스트립을 사용한다.

살라미 트위스트틀 곁들인 미니 블린

기본 요리법대로 준비하되 캐비아 대신 살라미 스트립을 사용한다.

훈제 송어를 곁들인 미니 블린

훈제 송어 살코기를 12개로 조심스럽게 편을 뜨고 뼈는 제거한다. 기본 요리법대로 준비하되 캐비아 대신 훈제 송어를 사용한다.

훈제 연어를 곁들인 미니 블린

기본 요리법대로 준비하되 캐비아 대신 훈제 연어 스트립을 각 블린 위에 올린다.

훈제 연어와 캐비아를 곁들인 미니 블린

기본 요리법대로 준비하되 훈제 연어 스트립과 약간의 캐비아를 각 블린 위에 올린다.

완두콩과 햄 크로스티니

기본 요리법은 *206쪽*을 보세요.

완두콩과 파르메산 크로스티니
기본 요리법대로 준비하되 프로슈토 대신 파르메산 치즈 부스러기를 크로스티니 위에 올린다.

완두콩과 훈제 송어 크로스티니
훈제 연어 살코기를 12개로 편을 뜬다. 기본 요리법대로 준비하되 프로슈토 대신 편을 뜬 훈제 송어를 각 크로스티니 위에 올린다.

완두콩과 방울토마토 크로스티니
방울토마토 12개를 반으로 자른다. 기본 요리법대로 준비하되 프로슈토 대신 반으로 자른 방울토마토 2개를 각 크로스티니 위에 올린다.

완두콩과 초리조 크로스티니
기본 요리법대로 준비하되 프로슈토 대신 아주 얇은 초리조 슬라이스 12개를 사용한다.

선-드라이 토마토를 곁들인 완두콩 크로스티니
햇볕에 말려 오일에 담은 토마토 4개의 즙을 뺀 다음 얇게 썬다. 기본 요리법대로 준비하되 프로슈토 대신 선-드라이 토마토 스트립을 크로스티니 위에 올린다.

양파 렐리시를 곁들인 미니 포파덤

기본 요리법은 209쪽을 보세요.

양파와 토마토 렐리시를 곁들인 미니 포파덤
기본 요리법대로 준비하되 곱게 썰고 씨를 뺀 토마토 1개를 렐리시에 추가한다.

양파와 망고 렐리시를 곁들인 미니 포파덤
기본 요리법대로 준비하되 오이 대신 씨를 빼고 껍질을 벗긴 후 잘게 썬 작은 망고 ½개를 렐리시에 추가한다.

양파와 코코넛 렐리시를 곁들인 미니 포파덤
기본 요리법대로 준비하되 강판에 간 신선한 코코넛 2큰술을 렐리시에 추가한다.

양파 렐리시와 망고 처트니를 곁들인 미니 포파덤
기본 요리법대로 준비하되 속을 채운 포파덤에 망고 처트니 약간을 추가한다.

응용

페스토와 아티초크 브루스케타

기본 요리법은 210쪽을 보세요.

마늘과 아티초크 브루스케타

마늘 한 쪽을 반으로 쪼갠다. 기본 요리법대로 준비하되 페스토를 펴 바르는 대신 토스트를 마늘로 문지르고 여분의 엑스트라 버진 올리브유를 약간 붓는다.

로켓을 곁들인 페스토와 아티초크 브루스케타

기본 요리법대로 준비하되 바질 잎 대신 로켓 잎을 각 브루스케타에 조금 추가한다.

올리브를 곁들인 페스토와 아티초크 브루스케타

기본 요리법대로 준비하되 씨를 뺀 블랙 올리브나 속을 채운 그린 올리브를 각 브루스케타에 추가한다.

페코리노를 곁들인 페스토와 아티초크 브루스케타

기본 요리법대로 준비하되 페코리노 * 치즈 부스러기를 각 브루스케타에 조금 추가한다.

페스토와 방울토마토 브루스케타

기본 요리법대로 준비하되 방울토마토 3개를 반으로 잘라 토스트 위에 올린다.

* 페코리노(pecorino) : 양젖으로 만든 치즈

응용

염소젖 치즈와 무화과를 곁들인 호두 토스트

기본 요리법은 213쪽을 보세요.

염소젖 치즈와 무화과를 곁들인 브루스케타

기본 요리법대로 준비하되 호두 빵 대신 바게트 슬라이스 12개를 사용한다.
양쪽 면이 노릇해질 때까지 구운 다음 간단히 치즈와 무화과 웨지를 올리고
후추를 갈아 뿌린다.

염소젖 치즈와 칠리 잼을 곁들인 호두 토스트

기본 요리법대로 준비하되 염소젖 치즈를 올리기 전에 토스트에 칠리 잼을 펴
바른다.

염소젖 치즈와 복숭아를 곁들인 호두 토스트

기본 요리법대로 준비하되 무화과 대신 잘 익은 복숭아를 얇게 저며 사용한다.

염소젖 치즈와 꿀을 곁들인 호두 토스트

기본 요리법대로 준비하되 굽기 전에 염소젖 치즈에 꿀을 조금 붓는다.

응용

사워크림과 비트를 곁들인 호밀흑빵

기본 요리법은 214쪽을 보세요.

사워크림과 캐비아를 곁들인 호밀흑빵

기본 요리법대로 준비하되 드레싱한 비트 대신 캐비아 1작은술을 각 카나페 위에 올린다.

사워크림과 아티초크를 곁들인 호밀흑빵

양념한 아티초크 속잎이 담긴 병의 즙을 빼고 속잎을 반으로 자른다. 기본 요리법대로 준비하되 드레싱한 비트 대신 아티초크 속잎을 사용한다. 강판에 간 레몬껍질 소량과 후추를 갈아 뿌려서 낸다.

사워크림과 훈제 연어를 곁들인 호밀흑빵

훈제 연어 슬라이스 1~2개를 잘라 12개의 스트립을 만든다. 기본 요리법대로 준비하되 드레싱한 비트 대신 훈제 연어 트위스트를 각 카나페 위에 올린다.

사워크림과 청어를 곁들인 호밀흑빵

식초에 절인 청어 12마리의 물을 뺀다. 기본 요리법대로 준비하되 드레싱한 비트 대신 식초에 절인 청어를 각 카나페 위에 올린다.

사워크림과 피망을 곁들인 호밀흑빵

병에 든 구운 피망 3개를 종이타월로 톡톡 두드려 말리고 각각 $\frac{1}{4}$로 자른다. 기본 요리법대로 준비하되 드레싱한 비트 대신 구운 피망을 사용한다.

응용

훈제 고등어 파테 토스트

기본 요리법은 217쪽을 보세요.

훈제 송어 파테 토스트
기본 요리법대로 준비하되 훈제 고등어 대신 훈제 송어를 사용한다.

구운 피타 위에 올린 훈제 고등어 파테 피타 빵
기본 요리법대로 준비하되 통밀 빵 대신 피타 빵을 길게 잘라 사용한다.

훈제 고등어 파테 호밀흑빵
기본 요리법대로 준비하되 핑거 토스트 대신 호밀흑빵 스퀘어를 사용한다.

훈제 고등어 파테 프렌치 토스트
기본 요리법대로 준비하되 통밀 빵 대신 얇은 바게트 슬라이스 12개를 사용한다.

방울토마토를 곁들인 훈제 고등어 파테 토스트
기본 요리법대로 준비하되 파테를 토스트 위에 펴 바르고, 반으로 자른 방울토마토를 얹는다.

응용

블루치즈와 배를 곁들인 크로스티니

기본 요리법은 218쪽을 보세요.

블루치즈, 배, 피칸 너트를 곁들인 크로스티니
기본 요리법대로 준비하되 반으로 자른 피칸을 크로스티니 위에 올린다.

블루치즈, 배, 로켓을 곁들인 크로스티니
기본 요리법대로 준비하되 로켓 잎 2장을 크로스티니 위에 올린다.

블루치즈, 배, 꿀을 곁들인 크로스티니
기본 요리법대로 준비하되 꿀 약 $\frac{1}{4}$작은술을 코로스티니 위에 붓는다.

블루치즈, 배, 물냉이를 곁들인 크로스티니
기본 요리법대로 준비하되 물냉이 잔가지를 크로스티니 위에 올린다.

배와 페코리노를 곁들인 크로스티니
기본 요리법대로 준비하되 고르곤졸라 치즈 대신 페코리노 치즈 부스러기를 사용한다.

군침 도는 샐러드

담백하고 신선하며, 아삭아삭 섬유질이 많은 샐러
드는 식욕을 돋우고 미각을 자극하는 가장 이상적
인 음식이다. 간단한 저녁식사 전이나 세련된 만
찬에 내도 모두 잘 어울린다.

회향과 오렌지 샐러드

응용은 245쪽을 보세요.

부담 없고 신선하며 지방이 적은 샐러드로 미각을 자극하는 데 적당할 뿐만 아니라 메인 코스를 위한 여유를 남겨준다.

회향 구근 2개   블랙 올리브 한 줌
레몬 $\frac{1}{2}$개의 즙   소금과 후춧가루
오렌지 3개

회향을 곱게 잘라 그릇에 담는다. 레몬즙을 짜 넣고 뒤적여 잘 섞는다.

오렌지 껍질을 벗겨 낸다. 회향 위에서 과일을 잡고 피막 사이를 갈라 쪽을 나눈 뒤 회향에 추가한다. 피막을 버리기 전에 회향 위에서 즙을 꼭 쥐어짠다.

샐러드에 올리브를 추가하고, 소금과 후춧가루로 양념을 한 뒤 뒤적여 섞는다. 4개의 접시에 골고루 담아 즉시 낸다.

4인분

박하와 호박씨를 곁들인 피망 샐러드

응용은 246쪽을 보세요.

구운 피망은 달콤하고 강한 훈제 맛을 느끼게 한다. 이 샐러드는 미리 준비해서 바로 접시에 담아 낼 수 있기 때문에 손님을 접대하기에 가장 적당하다.

홍피망 2개
황피망 2개
호박씨 2큰술
레드와인 식초 2작은술

디종 머스터드 ¼작은술
올리브유 2큰술
잘게 썬 신선한 박하 2작은술
소금과 후춧가루

오븐을 230℃까지 예열한다. 피망을 구이판에 놓고 전체적으로 검게 변할 때까지 약 40분 동안 굽는다. 그릇에 옮기고 비닐 랩으로 덮은 후 차갑게 놔둔다.

마른 프라이팬을 가열하고 호박씨를 넣은 후 노릇해질 때까지 팬을 가끔 흔들면서 3~4분 동안 굽는다. 한쪽에 놔둔다.

커다란 그릇에서 식초, 겨자, 기름, 박하를 휘저어 섞고 소금과 후춧가루로 양념을 한다. 피망의 껍질을 벗기고 씨를 뺀 후 살집을 잘라 스트립을 만든다. 스트립을 드레싱에 넣고 뒤적여 섞는다. 뚜껑을 덮고 약 30분 동안 놔둔다. 피망을 4개의 접시에 나눠 담고 호박씨를 흩뿌려 낸다.

4인분

페타치즈와 박하, 레몬을 곁들인 호박 샐러드

응용은 247쪽을 보세요.

태워서 훈제 맛이 나며 달콤하고 부드러운 호박, 짭짤한 페타치즈, 신선하고 싱싱한 레몬은 아주 잘 어울린다. 호박이 제철인 여름에 만든다.

레몬즙 1큰술
설탕 한 자밤
올리브유 4큰술, 바르는 용도로 여분 추가
잘게 썬 박하 2작은술

애호박 3개
페타치즈 115g, 바스러뜨린다.
소금과 후춧가루

레몬즙, 설탕, 올리브유, 박하를 모두 휘저어 섞는다. 한쪽에 둔다.

그리들 팬을 예열한다. 호박을 대각선으로 잘라 7㎜ 두께의 슬라이스를 만든다. 슬라이스에 기름을 발라 그리들 팬에 눌러 놓은 후 부드러워지고 군데군데 탈 때까지 양쪽 면을 약 4분 동안 요리한다.

호박을 4개의 접시에 나누어 담고, 그 위에 페타치즈를 흩뿌린 다음 드레싱을 붓는다. 맛을 내기 위해 소금과 후추로 양념을 한다. 드레싱한 뒤 바로 낸다.

4인분

비트, 할루미와 깍지콩 샐러드

응용은 248쪽을 보세요.

달콤하고 즙이 많은 비트, 짭조름한 할루미 *, 아삭아삭하고 신선한 깍지콩은 간단한 여름 샐러드로 기막히게 좋은 조합이다.

레몬즙 1¾작은술

강판에 간 레몬껍질 ½작은술

꿀 ¼작은술

고춧가루 한 자밤 가득

올리브유 2큰술

소금

그린 빈 200g(1컵)

조리한 비트

할루미 250g, 1cm 두께의 슬라이스로 자른다.

레몬즙과 껍질, 꿀, 고춧가루, 올리브유, 소금 한 자밤을 함께 휘저어 섞는다. 한쪽에 둔다.

콩이 막 부드러워질 때까지 끓는 물에서 약 4분 동안 요리한다. 물을 빼고 다시 차가운 물을 채운다.

비트를 잘라 슬라이스를 만든 다음, 다시 슬라이스를 반대 방향으로 잘라 성냥개비 모양의 스트립을 만들고 그릇에 담는다. 콩을 비트에 추가한다. 드레싱을 붓고 뒤적여 섞는다.

그리들 팬을 예열하고 할루미가 군데군데 까맣게 탈 때까지 양쪽 면을 약 1분 동안 요리한다. 샐러드를 4개의 접시로 나누어 담고 할루미 슬라이스를 얹은 다음 즉시 낸다.

* 할루미(halloumi) : 키프로스에서 양젖을 써서 숙성시키지 않고 먹는 치즈

4인분

오리와 석류 샐러드

응용은 249쪽을 보세요.

석류의 씨를 빼는 가장 좋은 방법은 반으로 잘라 그릇 위에서 꼭 쥐고 나무 스푼으로 뒷부분을 세게 치는 것이다. 씨는 쉽게 튀어 나온다.

오리 가슴살 2개
레드와인 식초 1큰술
디종 머스터드 ½작은술
설탕 한 자밤
올리브유 2큰술

소금과 후춧가루
물냉이 2줌 가득
아루굴라 2줌 가득
석류 1개의 씨

오리 껍질에 격자 모양의 줄을 긋고 소금으로 문지른다. 눌어붙지 않는 프라이팬을 가열한다. 오리 껍질 쪽이 아래로 향하게 팬에 담고 10분 동안 요리한다. 지방 대부분을 떠내고 오리를 뒤집은 다음 4~5분 더 요리한다. 오리를 받침판으로 옮기고 호일로 덮은 다음 놓아둔다.

식초, 겨자, 설탕, 올리브유를 함께 휘저어 섞고 후추로 양념을 한다.

샐러드 잎을 4개의 접시에 나누어 담는다. 오리 가슴살을 잘라 잎 위에 흩어 놓는다. 석류씨를 흩뿌리고 드레싱을 부은 다음 낸다.

4인분

무화과 프로슈토 샐러드

응용은 250쪽을 보세요.

달콤하고 즙이 많은 무화과와 짭짤하고 얇은 프로슈토 슬라이스는 전통적으로 내려오는 조합이다. 이렇게 간단하고 감미로운 샐러드보다 더 좋은 것은 어디에도 없다.

발사믹 식초 1큰술
올리브유 1큰술
대파 1줄기, 곱게 채썬다.
각종 샐러드 잎 4줌(약 115g)

무화과 4개
프로슈토 슬라이스 8개
소금과 후춧가루

식초와 기름을 양념과 함께 휘저어 섞는다. 샐러드 잎을 4개의 접시에 나누어 담는다. 무화과를 부채꼴 모양으로 잘라 샐러드 위에 흩어 놓는다. 프로슈토를 한입 크기로 잘라 그 위에 흩뿌린다.

샐러드 위에 드레싱을 붓고 대파를 흩뿌린 뒤 낸다.

4인분

와사비 드레싱을 곁들인 망고와 소고기 샐러드

응용은 251쪽을 보세요.

달콤하고 즙이 많은 망고와 부드럽게 그슬린 소고기는 신선한 샐러드와 절묘한 조화를 이룬다. 일본의 연초록 겨자인 와사비는 (불타는 듯이 매운 고추냉이와 같이) 아주 맵싸하기 때문에 입맛에 따라 더하거나 줄인다.

등심 스테이크 1개
해바라기유 3큰술, 바르는 용도로 여분 추가
레드와인 식초 1큰술
와사비 ½~1작은술
설탕 한 자밤

소금
물냉이 4줌
붉은 양파 1개, 얇게 썬다.
망고 1개, 껍질을 벗기고 씨를 뺀다.

그리들 팬을 예열한다. 스테이크에 기름을 바르고 양념을 한 다음 약간 덜 익힌 상태가 될 때까지 각 면을 3~4분 동안 요리한다. 한쪽에 놔둔다.

기름, 레드와인 식초, 와사비, 설탕을 함께 휘저어 섞고 맛을 내기 위해 양념을 한다.

접시에 각각 물냉이 한 줌을 가득 담고 위에 양파를 흩어 놓는다. 망고를 한입 크기로 잘라 샐러드 위에 흩어 놓는다. 스테이크를 잘라 슬라이스를 만들고 접시에 나누어 담는다. 드레싱을 부은 다음 낸다.

4인분

구운 호박과 고르곤졸라 샐러드

응용은 252쪽을 보세요.

호박을 구으면 강한 단맛이 나고, 그 열기에 의해 고르곤졸라 치즈가 녹으며, 시금치 잎은 풀이 죽으면서 전혀 색다른 샐러드를 만들어 준다.

작은 단호박 1개
올리브유 1½큰술, 붓는 용도로 여분 추가
소금과 후춧가루
발사믹 식초 1큰술

통밀 겨자 ½작은술
어린 시금치 115g
고르곤졸라 또는 다른 블루치즈 199g, 슬라이스를 만들거나 바순다.

오븐을 200℃까지 예열한다. 호박을 반으로 잘라 씨를 빼고 껍질을 벗긴 다음, 12개의 웨지로 잘라 베이킹 접시나 구이 팬에 담는다. 기름을 붓고 소금과 후추로 양념을 한 다음 전체적으로 잘 묻도록 뒤적인다. 부드러워질 때까지 약 20분 동안 굽는다.

기름, 식초, 겨자를 함께 휘저어 섞는다. 한쪽에 놔둔다.

샐러드 잎을 4개의 접시 또는 샐러드 볼에 나누어 담고 위에 치즈를 흩어 놓는다. 각 샐러드에 웨지 3개를 추가하고 드레싱을 부은 다음 즉시 낸다.

4인분

아보카도와 그레이프프루트 샐러드

응용은 253쪽을 보세요.

싱싱한 그레이프프루트*와 크림이 많은 아보카도의 조합은 앞으로 나올 음식을 생각하면서 군침 돌게 하는 완벽한 방법이다. 준비하는 데 몇 분이면 충분하고 굉장히 아름답게 보인다.

딸기시럽 2작은술
디종 머스터드 1작은술
설탕 한 자밤
올리브유 1½큰술

후춧가루
시금치, 로켓, 물냉이 등과 같은 각종 잎 4줌(85g)
루비색 그레이프프루트 2개
아보카도 2개

식초, 겨자, 설탕과 기름을 함께 휘저어 섞고 후추로 양념을 한 다음 한쪽에 둔다.

샐러드 잎을 그릇에 담는다. 그레이프프루트의 껍질을 벗긴 다음, 쪽을 나누기 위해 피막 사이를 자르되 즙은 보관한다. 그레이프프루트를 샐러드에 추가하고 보관한 즙을 붓는다.

아보카도의 껍질을 벗기고 씨를 발라낸 다음 살집을 한입거리 크기로 잘라 샐러드에 추가한다. 드레싱을 붓고 모든 재료를 뒤적여 잘 섞는다.

샐러드를 각 접시에 배열한 다음 드레싱을 부은 후 즉시 낸다.

*그레이프프루트(grapefruit) : 약간 신맛이 나고 큰 오렌지같이 생긴 노란 과일

4인분

응용

회향과 오렌지 샐러드

기본 요리법은 229쪽을 보세요.

회향, 오렌지와 살짝 태운 봄양파 샐러드
기본 요리법대로 준비한다. 봄양파 2다발을 다듬고 기름을 바른 다음 양면이
부드러워질 때까지 2~3분 동안 굽는다. 샐러드를 추가해서 낸다.

회향, 오렌지와 붉은 양파 샐러드
기본 요리법대로 준비하되 곱게 자른 붉은 양파 ½개를 샐러드에 추가한다.

박하를 곁들인 회향과 오렌지 샐러드
기본 요리법대로 준비하되 잘게 썬 신선한 박하 2작은술을 샐러드에 흩뿌
린다.

파를 곁들인 회향과 오렌지 샐러드
기본 요리법대로 준비하되 잘게 썬 신선한 파 1큰술을 샐러드에 흩뿌린다.

박하와 호박씨를 곁들인 피망 샐러드

기본 요리법은 231쪽을 보세요.

구운 피망과 앤초비 샐러드

기본 요리법대로 준비하되 앤초비 8마리를 길이로 반 잘라 샐러드에 추가한다.

구운 잣을 곁들인 구운 피망 샐러드

기본 요리법대로 준비하되 호박씨 대신 구운 잣을 사용한다.

구운 피망과 토마토 샐러드

기본 요리법대로 준비하되 씨를 빼고 껍질을 벗긴 후 잘게 썬 토마토 4개를 샐러드에 추가한다.

케이퍼를 곁들인 구운 피망

기본 요리법대로 준비하되 잘게 썰고 씻은 케이퍼 1작은술을 드레싱에 추가한다(케이퍼가 짭짤하기 때문에 드레싱에 소금을 더 넣지 않는다).

구운 피망과 로켓 샐러드

기본 요리법대로 준비하되 샐러드 위에 로켓 잎 한 줌을 얹어 낸다.

응용

페타치즈와 박하, 레몬을 곁들인 호박 샐러드

기본 요리법은 232쪽을 보세요.

호박, 페타치즈와 올리브 샐러드
기본 요리법대로 준비하되 블랙 올리브 4~5개를 각 샐러드에 추가한다.

페타치즈를 곁들이고 태운 호박 피망 샐러드
홍피망 2개의 씨를 빼고 8조각으로 자른다. 기본 요리법대로 준비하되 호박 1½개를 사용하고 호박 슬라이스와 함께 피망 조각을 굽는다.

태운 호박과 페타치즈를 곁들인 파스타 샐러드
포장지의 설명에 따라 퓨질리* 115g을 요리한다. 물을 빼고 한쪽에 놔둔다. 호박 2개를 사용해서 기본 요리법대로 준비한다. 호박, 페타치즈를 뒤적여 섞고 파스타로 드레싱한 후 접시에 나누어 담는다.

아주 매운 호박과 페타치즈 샐러드
기본 요리법대로 준비하되 곱게 썰어 씨를 뺀 신선한 홍고추 1개를 드레싱에 추가한다.

* 퓨질리(fusilli) : 꽈배기 모양의 파스타

응용

비트, 할루미와 깍지콩 샐러드

기본 요리법은 235쪽을 보세요.

블랙 올리브를 곁들인 비트, 깍지콩과 할루미 샐러드
기본 요리법대로 준비하되 블랙 올리브 한 줌을 샐러드에 뒤적여 섞는다.

비트, 깍지콩, 붉은 양파와 할루미 샐러드
기본 요리법대로 준비하되 곱게 자른 붉은 양파 ½개를 샐러드에 뒤적여 섞는다.

박하 드레싱을 곁들인 비트와 할루미 샐러드
기본 요리법대로 준비하되 잘게 썬 신선한 박하 1작은술을 드레싱에 추가한다.

할루미를 곁들인 비트와 오렌지 샐러드
오렌지 껍질을 벗기고, 조각내기 위해 피막 사이를 자른다. 기본 요리법대로 준비하되 오렌지 조각을 샐러드에 추가한다.

오리와 석류 샐러드

기본 요리법은 236쪽을 보세요.

향긋한 오리와 석류 샐러드

기본 요리법대로 준비하되 고수, 바질, 박하와 같은 향긋한 허브 잎 한 줌을 샐러드 잎에 추가한다.

오리와 오렌지, 석류 샐러드

오렌지의 껍질을 벗기고, 조각내기 위해 피막 사이를 자른다. 기본 요리법대로 준비하되 오렌지 조각을 샐러드 잎에 추가한다.

부드러운 잎을 곁들인 오리와 석류 샐러드

기본 요리법대로 준비하되 물냉이와 로켓 대신 마타리 상추와 어린 시금치 잎을 사용한다.

붉은 양파를 곁들인 오리와 석류 샐러드

기본 요리법대로 준비하되 곱게 자른 붉은 양파 ½개를 샐러드 잎에 흩뿌린다.

응용

무화과 프로슈토 샐러드

기본 요리법은 239쪽을 보세요.

천도복숭아 프로슈토 샐러드

기본 요리법대로 준비하되 무화과 대신 씨를 뺀 천도복숭아 2개를 사용한다.

파르메산 치즈 무화과 샐러드

기본 요리법대로 준비하되 프로슈토 대신 파르메산 치즈 조각을 샐러드에 흩뿌린다.

구운 고추를 곁들인 무화과 프로슈토 샐러드

기본 요리법대로 준비하되 병에 든 구운 고추 2개를 곱게 썰어 샐러드에 흩뿌린다.

무화과 리코타 샐러드

기본 요리법대로 준비하되 샐러드 위에 프로슈토 대신 리코타* 몇 큰술을 스푼으로 떠 얹는다.

무화과 프로슈토 물냉이 샐러드

기본 요리법대로 준비하되 각종 샐러드 잎 대신 물냉이를 사용한다.

* 리코타(ricotta) : 이탈리아산 치즈의 일종

응용

와사비 드레싱을 곁들인 망고와 소고기 샐러드

기본 요리법은 240쪽을 보세요.

오이를 곁들인 망고와 소고기 샐러드
기본 요리법대로 준비하되 작게 자른 오이 $\frac{1}{2}$개를 망고, 양파와 함께 샐러드에 뒤적여 섞는다.

고수 잎을 곁들인 망고와 소고기 샐러드
기본 요리법대로 준비하되 신선한 고수 잎 한 줌을 물냉이에 추가한다.

와사비 드레싱을 곁들인 키위와 소고기 샐러드
기본 요리법대로 준비하되 망고 대신 껍질을 벗긴 키위 3개를 사용한다.

와사비 드레싱을 곁들인 소고기 블루베리 샐러드
기본 요리법대로 준비하되 망고 대신 블루베리 한 줌을 사용한다.

와사비 드레싱을 곁들인 치킨 망고 샐러드
기본 요리법대로 준비하되 그슬린 스테이크 대신 구운 닭가슴살 2개를 사용한다.

응용

구운 호박과 고르곤졸라 샐러드

기본 요리법은 243쪽을 보세요.

햇감자와 고르곤졸라 샐러드
기본 요리법대로 준비하되 단호박 대신 갓 찐 뜨거운 햇감자를 사용한다.

햇감자와 페타 샐러드
기본 요리법대로 준비하되 고르곤졸라 대신 바순 페타를 사용한다.

구운 잣을 곁들인 햇감자와 고르곤졸라 샐러드
기본 요리법대로 준비하되 구운 잣 2큰술을 샐러드에 흩뿌린다.

구운 비트를 곁들인 햇감자와 고르곤졸라 샐러드
기본 요리법대로 준비하되 단호박 대신 조리한 비트 3개를 사용한다. 비트의 껍질을 벗기고 부채꼴 모양으로 자른 다음, 기름을 붓고 양념을 한 후 같은 방법으로 굽는다.

아티초크를 곁들인 고르곤졸라 샐러드
기본 요리법대로 준비하되 단호박 대신 뚱딴지*를 사용한다. 아티초크를 문질러 껍질을 벗긴 다음 소금을 약하게 친 물에 약 10분 동안 거의 부드러워질 때까지 끓인다. 구이 팬에 올리브유 1큰술을 두르고 오븐에 5분 동안 놓아둔다. 아티초크를 추가하고 잘 묻도록 뒤적인 다음 노릇해질 때까지 굽는다.

*뚱딴지(jerusalem artichoke) : 감자 모양의 뿌리채소

아보카도와 그레이프프루트 샐러드

기본 요리법은 244쪽을 보세요.

치킨, 아보카도와 그레이프프루트 샐러드
기본 요리법대로 준비하되 구운 닭가슴살 2개를 잘라 샐러드에 추가한다.

아보카도, 모짜렐라와 그레이프프루트 샐러드
기본 요리법대로 준비하되 보콘시니(작은 모짜렐라) 4~5개를 샐러드에 추가한다.

아보카도, 새우와 그레이프프루트 샐러드
기본 요리법대로 준비하되 껍질을 벗겨 요리한 새우 200g을 샐러드에 추가한다.

아보카도, 그레이프프루트와 봄양파 샐러드
기본 요리법대로 준비하되 봄양파 1다발을 잘라 샐러드에 추가한다.

아보카도, 그레이프프루트와 헤이즐넛 샐러드
기본 요리법대로 준비하고 위에 구워 잘게 썬 헤이즐넛 2큰술을 흩뿌린다.

우아한 스타터

맛있는 수프와 타르트부터, 거부할 수 없는 조개
류와 언제나 완벽한 생크림까지, 이들 애피타이저
는 미각에 시동을 걸고 드라마틱한 다음 단계를 위
한 준비를 하게 만든다.

사워크림과 파를 곁들인 비시스와즈

응용은 274쪽을 보세요.

크림이 많이 들어 부드러운 비시스와즈 * 는 보통 차게 해서 먹는 수프이며, 격식 있는 만찬을 위한 우아한 애피타이저이다. 미리 준비할 수 있기 때문에 손님들과 함께 즐기기에는 최고이다.

올리브유 2큰술
양파 1개, 다진다.
커다란 리크 * 3개, 자른다.
감자 1개, 껍질을 벗기고 덩어리로 자른다.
채소육수 750㎖(3컵)

우유 200㎖(2$\frac{1}{4}$컵)
싱글크림 2$\frac{1}{4}$컵
레몬 $\frac{1}{2}$개의 즙, 맛내기용
소금과 후춧가루
사워크림과 잘게 썬 쪽파, 고명용

팬에 기름을 넣고 가열한 다음 양파와 리크가 부드러워질 때까지 약 5분 동안 볶는다. 감자와 육수를 추가한다. 끓인 후 불을 줄이고 뚜껑을 덮는다. 감자가 부드러워질 때까지 약 15분 동안 은근히 끓인다.

푸드 프로세서나 블렌더로 수프가 부드러워지게 만든다. 우유, 크림, 레몬즙을 휘저어 섞고 맛을 내기 위해 양념을 한다. 식힌 다음 최소한 약 2시간 동안 차갑게 한다.

수프가 걸쭉해지면 내기 전에 우유를 더 추가한다. 맛을 본 다음 필요에 따라 레몬즙을 좀 더 짜 넣는다. 사워크림을 소용돌이 모양으로 얹고 파를 흩뿌려 낸다.

* 비시스와즈(vichyssoise) : 감자 크림수프
* 리크(leek) : 큰 부추같이 생긴 채소

4인분

그슬려 양념한 가리비

응용은 275쪽을 보세요.

빠르고 간편하면서 격식 있고 아주 맛있는 가리비는 디너파티를 시작하는 코스로 완벽하다.
허기진 손님들에게는 한두 개의 가리비를 더 추가해서 낸다.

커다란 가리비 12개
신선한 홍고추 1개, 씨를 빼고 잘게 썬다.
강판에 간 라임 1개의 껍질과 즙

잘게 썬 신선한 박하 2작은술
올리브유 1큰술
소금

가리비를 한 줄로 접시에 담는다. 고추, 라임 껍질과 즙, 박하, 올리브유를 소금 한 줌과 함께
휘저어 섞는다. 가리비 위에 붓고 잘 버무려지도록 굴린다.

눌어붙지 않는 프라이팬을 가열한다. 가리비와 드레싱을 추가하고 완전히 요리될 때까지 한
면당 약 1분 정도 요리한다. 즙을 조금 부어서 즉시 낸다.

4인분

방울토마토, 바질과 리코타를 곁들인 필로 타르틀렛

응용은 276쪽을 보세요.

구운 리코타와 마늘 맛 토마토로 채워서 바삭하고 황금색이 나는 타르틀렛 *은 특별하고 우아한 식사를 책임진다.

필로 페스트리 8장
버터 40g, 녹인다.
방울토마토 280g
리코타 치즈 100g

올리브유 2큰술
마늘 2개, 으깬다.
신선한 바질 잎 한 줌
소금과 후춧가루

오븐을 180℃까지 예열한다. 구이판에 기름을 바른다.

필로 페스트리 1장을 받침판에 놓고 녹인 버터를 바른다. 또 다른 1장을 위에 얹고 버터를 더 바른다. 필로 가운데에 토마토 ¼을 놓는다. 토마토 주위와 사이에 리코타를 조금 추가한다.

필로를 소 주위에 모은다. 가장자리를 모아 비틀고 이음매를 단단하게 해서 오픈 타르트를 만든다. 기름과 마늘을 섞어 토마토와 리코타 위에 붓는다. 소금과 후추로 양념을 한다.

남은 페스트리와 소도 같은 방식으로 만든다. 구이판에서 타르틀렛이 바삭해지고 노릇해질 때까지 15분 동안 굽는다. 신선한 바질 잎을 흩뿌려 즉시 낸다.

---

* 타르틀렛(tartlet) : 작은 타르트로 과일이 들어 있는 파이

4인분

고추를 곁들인 단호박 수프

응용은 277쪽을 보세요.

달콤하고 향긋하며 약하게 양념을 한 이 수프는 특히 호박이 제철인 추운 늦가을이나 겨울철에 훌륭한 애피타이저이다.

단호박 1개, 반으로 자르고 씨를 뺀다.
올리브유 2큰술, 바르는 용도로 여분 추가
소금과 후춧가루
맵지 않은 풋고추 4개, 반으로 자르고 씨를 뺀다.
양파 1개, 잘게 썬다.
마늘 2쪽, 잘게 썬다.

쿠민가루 1작은술
간 고수 1작은술
다진 생강 ½작은술
계피가루 ¼작은술
채소육수 또는 닭육수 1.2L(5컵)
레몬 ½개의 즙

오븐을 200℃까지 예열한다. 호박의 자른 면에 기름을 바르고 양념을 한 뒤 구이판에 놓고 부드러워질 때까지 약 30분 동안 굽는다.

그리들 팬이나 그릴을 예열한다. 고추에 기름을 바른 후, 검게 타고 부드러워질 때까지 약 4분 동안 양면을 요리한다. 긴 조각으로 잘라 스트립을 만들고 한쪽에 둔다.

양파와 마늘을 기름에 넣고 약 5분 동안 볶은 다음 양념과 육수를 추가하고 끓인다. 불을 줄이고 뚜껑을 덮은 후 약 15분 동안 은근히 끓인다.

호박을 오븐에서 꺼내 스푼으로 퍼 수프에 담는다. 부드러울 때까지 푸드 프로세서나 블렌더를 작동시킨다. 필요하다면 다시 가열한 다음, 레몬을 짜 넣어 맛을 내고 간을 본다. 수프를 그릇에 떠 담고 위에 고추 스트립을 흩뿌린다.

4인분

붉은 양파와 박하, 오이 비네그레트를 곁들인 굴

응용은 278쪽을 보세요.

굴은 짭짤하면서 풍부한 풍미를 가지고 있어 어떤 음식과도 잘 어울린다.

붉은 양파 ½개, 곱게 깍둑썰기 한다.
오이 ½개, 씨를 빼고 곱게 깍둑썰기 한다.
레드와인 식초 2작은술
올리브유 2큰술

설탕 한 자밤
잘게 다진 신선한 박하 2작은술
껍데기에 담은 싱싱한 굴 12개
소금과 후춧가루

양파와 오이를 그릇에 담고 식초와 기름을 붓는다. 설탕을 뿌리고 소금과 후추로 양념을 한 다음 휘저어 섞는다. 박하를 올리고 양념을 맞춘다.

굴을 접시에 가지런히 담고 스푼으로 드레싱을 해서 즉시 낸다.

4인분

토마토 살사를 곁들인 호박 팬케이크

응용은 279쪽을 보세요.

맛있고 부드러우며, 크림이 많은 팬케이크는 토마토 살사를 푸짐하게 얹어 아주 아름답게 장식한다.

애호박 2개, 손질한다.
소금 $\frac{1}{4}$작은술
베이킹파우더가 든 밀가루 2큰술
달걀노른자 2개
더블크림 3큰술

봄양파 2개, 곱게 자른다.
강판에 간 파르메산 치즈 25g($\frac{1}{3}$컵)
올리브유, 튀김용
후춧가루
토마토 살사, 곁들임용

호박을 강판에 갈고 소금을 흩뿌린 다음 뒤적여 섞는다. 소쿠리나 체를 그릇 위에 놓고 30분 동안 물을 뺀다.

밀가루를 그릇에 담는다. 달걀노른자와 크림을 추가하고 포크로 부드러워질 때까지 휘젓는다. 가능한 한 호박에서 즙을 많이 짜내 봄양파, 파르메산 치즈와 함께 반죽에 추가한다. 후추로 양념을 하고 완전히 섞일 때까지 치댄다.

눌어붙지 않는 프라이팬을 가열하고 올리브유를 조금 붓는다. 혼합물을 한꺼번에 스푼 가득 팬에 추가하고 둥근 팬케이크를 만든다. 단단해지고 노릇해질 때까지 한 면당 3분씩 약하게 튀긴다. 나머지 혼합물을 요리하는 동안 따뜻하게 한다. 토마토 살사를 한 스푼 가득 올려 팬케이크가 따뜻할 때 낸다.

4인분

화이트와인으로 요리한 홍합

응용은 280쪽을 보세요.

홍합은 단단해 보이지만 요리하기는 아주 쉽다. 또 믿을 수 없을 정도로 감각적이며, 미각을 어느 정도 자극시킨다.

홍합 900g, 해감한 뒤 손질한다.
버터 28g(2큰술)
마늘 2쪽, 곱게 썬다.
화이트와인 120㎖($\frac{1}{2}$ 컵)

더블크림 2큰술
잘게 썬 신선한 파슬리 2큰술
소금과 후춧가루
프랑스빵, 곁들임용

홍합을 잘 살펴 입을 벌리고 있거나 톡 쳤을 때 입을 다물지 않는 것은 버린다. 커다란 소스 팬에서 버터를 녹이고 마늘을 약 1분 동안 약하게 볶는다.

홍합을 추가하고 와인을 부은 다음, 팬의 뚜껑을 꼭 닫고 아주 센불로 홍합이 입을 벌릴 때까지 약 5분 동안 요리한다.

구멍이 나있는 스푼을 이용해 홍합을 여러 개의 접시에 나누어 담는다. 입을 벌리지 않은 것은 버린다. 크림과 파슬리를 조리된 국물에 휘저어 섞고 양념을 해서 맛을 낸다. 국물을 홍합 위에 붓고 바삭한 프랑스빵을 곁들여 낸다.

4인분

붉은 양파와 파르메산 타르틀렛

응용은 *281*쪽을 보세요.

이 간단한 타르틀렛은 기막힌 스타터이다. 미리 준비하기를 원한다면 우선 커스터드를 만들고 페스트리를 둥글게 자른 다음, 내기 바로 전에 타르틀렛을 한데 모아 굽는다.

우유 60㎖($\frac{1}{4}$컵)
싱글크림 60㎖($\frac{1}{4}$컵)
마늘 2쪽, 껍질을 벗기고 반으로 자른다.
붉은 양파 2개, 각각 6~8개로 길게 자른다.
달걀 노른자 1개
다목적용 밀가루 $\frac{1}{2}$큰술
강판에 간 파르메산 치즈 28g($\frac{1}{3}$컵)

소금과 후춧가루
퍼프 페스트리 250g
양파 1개
케이퍼 1작은술, 헹군다.
발사믹 식초 $\frac{1}{2}$작은술
올리브유 1작은술
잘게 썬 신선한 파슬리 2작은술

오븐을 190℃까지 예열한다. 구이판에 기름을 두른다. 팬에 우유, 크림, 마늘을 넣고 끓인 다음 불을 끄고 약 15분 동안 놓아둔다. 마늘을 꺼내 버린다.

달걀 노른자와 밀가루를 넣고 휘저어 섞어 부드러운 페스트리를 만든다. 우유와 크림을 다시 은근히 끓인 다음, 밀가루 혼합물이 부드러워질 때까지 계속 저으면서 천천히 붓는다. 혼합물을 팬에 다시 담아 걸쭉하고 크림같이 될 때까지 저으면서 4~5분 동안 약하게 가열한다. 불을 끄고 치즈를 휘저어 섞은 다음 양념을 해서 맛을 낸다.

페스트리를 돌돌 말아 12cm 크기의 원형 4개로 자른다. 각 타르트에 양파 웨지 3개를 구이판에 배열하고 주위에 케이퍼를 흩뿌린다. 페스트리가 바삭해지고 노릇해질 때까지 타르트를 15~20분 동안 굽는다. 신선한 파슬리를 흩뿌려 뜨겁거나 따뜻할 때 또는 실온으로 낸다.

4인분

닭 간 파테와 마늘 토스트

응용은 *282쪽*을 보세요.

부드럽고 푸짐한 닭 간 파테는 정말 거부할 수 없을 정도로 완벽하며, 미리 준비하면 편안하게 자리에 앉아 즐길 수 있다.

버터 115g(1스틱)
마늘 2쪽, 으깬다.
닭 간 400g, 손질해서 얇게 저민다.
브랜디 2큰술
신선한 백리향 잎 $\frac{1}{2}$작은술
소금과 후춧가루

토스트 재료
바게트 슬라이스 8개
마늘 1쪽, 반으로 자른다.
올리브유, 고명용

버터 25g($\frac{1}{4}$스틱)을 눌어붙지 않는 작은 팬에서 녹이고 마늘을 1분 동안 약하게 볶는다. 닭 간을 추가하고 갈색이 될 때까지 약 5분 동안 요리한 다음 푸드 프로세서에 넣는다.

남은 버터, 브랜디, 백리향을 추가하고 부드러워질 때까지 푸드 프로세서를 작동시킨다. 양념을 해서 맛을 내고 그릇에 옮긴다. 뚜껑을 덮고 최소한 2시간 동안 또는 단단해질 때까지 차갑게 한다.

바게트 슬라이스 양면을 노릇해질 때까지 굽는다. 자른 마늘로 슬라이스를 문지르고 올리브유를 조금 붓는다. 파테와 함께 낸다.

4인분

방울토마토와 리코타, 페스토로 속을 채워 구운 피망

응용은 283쪽을 보세요.

간단하게 구운 피망은 즙을 닦아 먹기 위해 바삭한 흰 빵과 함께 낸다. 부담 없는 스타터를 만들려면 요리법의 재료 반만 사용하고, 한 사람당 피망 반을 낸다.

바질 페스토 2큰술
올리브유 2큰술
방울토마토 285g, 반으로 자른다.
그슬린 아티초크 병조림 285g, 즙을 빼고 한입 크기
  로 조각낸다.

홍피망 2개, 반 자르고 씨를 뺀다.
황피망 2개, 반 자르고 씨를 뺀다.
리코타 치즈 175g
후춧가루

오븐을 200℃까지 예열한다.

페스토와 올리브유를 섞은 다음, 토마토와 아티초크를 추가하고 잘 버무린다.

피망을 베이킹 접시에 배열하고 토마토와 아티초크 혼합물을 채운다. 리코타를 조금 추가한다. 남은 기름과 페스토를 모두 붓고 후추를 갈아 위에 뿌린다.

피망이 부드러워지고 속 재료에 거품이 날 때까지 약 30분 동안 굽는다. 뜨겁거나 따뜻할 때 낸다.

4인분

응용

사워크림과 파를 곁들인 비시스와즈

기본 요리법은 255쪽을 보세요.

매콤한 리크와 감자 수프
기본 요리법대로 준비하되 차가울 때가 아니라 뜨거울 때 낸다.

얼음을 곁들인 소박하고 간단한 비시스와즈
기본 요리법대로 준비하되 수프 한 그릇 당 각각 2개의 각빙을 추가하고 사워크림과 파를 뺀다.

구운 바게트를 곁들인 비시스와즈
기본 요리법대로 준비한다. 잘게 썬 쪽파 1큰술과 생크림 4큰술을 혼합한다. 작은 바게트 2개를 반으로 자르고 바삭하고 노릇해질 때까지 굽는다. 생크림 혼합물을 펴 바르고 수프와 함께 즉시 낸다.

허브 피타 토스트를 곁들인 비시스와즈
기본 요리법대로 준비한다. 피타 빵 4개를 반으로 잘라 양면이 바삭해지고 노릇해질 때까지 굽는다. 올리브유를 조금 붓고 잘게 썬 신선한 파슬리를 흩뿌려서 낸다.

붉은 양파를 곁들인 비시스와즈
기본 요리법대로 준비하되 완성된 수프에 파 대신 곱게 깍둑썰기한 붉은 양파를 흩뿌려 낸다.

응용

그슬려 양념한 가리비

기본 요리법은 257쪽을 보세요.

마늘을 곁들인 그슬려 양념한 가비리
기본 요리법대로 준비하되 으깬 마늘 1쪽을 양념에 추가한다.

생강을 곁들인 그슬려 양념한 가리비
기본 요리법대로 준비하되 강판에 간 신선한 생강 1작은술을 양념에 추가한다.

바질을 곁들인 그슬려 양념한 가비리
기본 요리법대로 준비하되 가리비에 신선한 바질 잎을 찢어 흩뿌려 낸다.

고수를 곁들인 그슬려 양념한 가리비
기본 요리법대로 준비하되 가리비에 잘게 썬 신선한 고수 잎 1큰술을 흩뿌려 낸다.

방울토마토, 바질과 리코타를 곁들인 필로 타르틀렛

기본 요리법은 258쪽을 보세요.

방울토마토와 구운 피망을 곁들인 필로 타르틀렛
기본 요리법대로 준비하되 소 재료에 구운 피망 스트립을 추가한다.

방울토마토와 파를 곁들인 필로 타르틀렛
기본 요리법대로 준비하되 요리한 타르틀렛에 바질 대신 싹둑 자른 신선한 파 1~2큰술을 흩뿌린다.

방울토마토와 블루치즈를 곁들인 필로 타르틀렛
기본 요리법대로 준비하되 리코타 대신 바순 블루치즈를 사용한다.

방울토마토와 염소젖 치즈를 곁들인 필로 타르틀렛
기본 요리법대로 준비하되 리코타 대신 네모난 염소젖 치즈를 사용한다.

방울토마토와 로켓을 곁들인 필로 타르틀렛
기본 요리법대로 준비하되 바질 대신 신선한 로켓 한 줌을 타르틀렛 위에 얹어 낸다.

응용

고추를 곁들인 단호박 수프

기본 요리법은 261쪽을 보세요.

마늘 브루스케타를 곁들인 단호박 수프
기본 요리법대로 준비한다. 바게트 슬라이스 8개의 양면을 구운 다음, 자른 마늘로 문지르고 기름을 조금 부어 수프와 함께 낸다.

사워크림을 곁들인 구운 단호박 수프
기본 요리법대로 준비하되 사워크림을 각 수프 그릇에 조금씩 추가하고 고추를 흩뿌려 낸다.

구운 비트 수프
기본 요리법대로 준비하되 호박 대신 껍질을 벗긴 비트 3개를 부채꼴 모양으로 잘라 사용한다.

구운 호박 수프
기본 요리법대로 준비하되 단호박 대신 커다란 호박을 부채꼴 모양으로 잘라 사용한다.

응용

양파와 박하, 오이 비네그레트를 곁들인 굴

기본 요리법은 262쪽을 보세요.

샬롯과 사철쑥 비네그레트를 곁들인 굴

기본 요리법대로 준비하되 붉은 양파 대신 곱게 썬 샬롯 ½개를, 박하 대신 잘게 썬 신선한 사철쑥을 사용한다.

붉은 양파와 토마토 비네그레트를 곁들인 굴

기본 요리법대로 준비하되 오이 대신 씨를 빼고 곱게 썬 토마토 1개를 사용한다.

봄양파와 칠리 비네그레트를 곁들인 굴

기본 요리법대로 준비하되 붉은 양파 대신 곱게 썬 봄양파 2개를 사용하고 말린 고춧가루를 한 자밤 추가한다.

홍피망과 청피망 비네그레트를 곁들인 굴

기본 요리법대로 준비하되 오이 대신 곱게 깍둑썰기한 청피망 ½개를 사용한다.

응용

토마토 살사를 곁들인 호박 팬케이크

기본 요리법은 265쪽을 보세요.

사워크림과 파를 곁들인 호박 팬케이크

기본 요리법대로 준비하되 토마토 살사 대신 사워크림 약간을 팬케이크에 올리고 싹둑 자른 신선한 파를 흩뿌린다.

사워크림과 캐비아를 곁들인 호박 팬케이크

기본 요리법대로 준비하되 팬케이크에 사워크림 약간과 캐비아 1작은술을 가득 올린다.

페스토 크림을 곁들인 호박 팬케이크

페스토 2작은술을 생크림 75㎖(⅓컵)와 휘저어 섞고 후추로 양념을 한다. 기본 요리법대로 준비하고 살사 대신 페스토 크림을 팬케이크 위에 올린다.

살사와 아보카도를 곁들인 호박 팬케이크

기본 요리법대로 준비하되 살사와 익은 아보카도 슬라이스를 팬케이크 위에 올린다.

살사와 사워크림을 곁들인 호박 팬케이크

기본 요리법대로 준비하고 살사와 사워크림을 한 스푼씩 가득 팬케이크 위에 올린다.

응용

화이트와인으로 요리한 홍합

기본 요리법은 266쪽을 보세요.

맥주로 요리한 홍합
기본 요리법대로 준비하되 와인 대신 색이 옅은 맥주를 사용하고 크림은 뺀다.

블루치즈를 곁들인 홍합
기본 요리법대로 준비하되 마늘 대신 곱게 썬 샬롯 2개를 사용하고, 크림 대신 바순 블루치즈 40g($\frac{1}{3}$컵)을 요리하고 있는 국물에 휘저어 섞는다.

셰리주와 초리조를 곁들인 홍합
기본 요리법대로 준비하되 마늘과 함께 곱게 썬 초리조 28g을 버터에 추가하고, 화이트와인 대신 셰리주를 사용한다. 크림은 뺀다.

마늘과 고추를 곁들인 홍합
기본 요리법대로 준비하되 마늘과 함께 말린 고춧가루 $\frac{1}{4}$작은술을 추가한다.

응용

붉은 양파와 파르메산 타르틀렛

기본 요리법은 269쪽을 보세요.

올리브를 곁들인 붉은 양파 타르틀렛
기본 요리법대로 준비하되 각 타르틀렛에 블랙올리브 2개를 추가한다.

잣을 곁들인 붉은 양파 타르틀렛
기본 요리법대로 준비하되 타르틀렛을 굽기 전에 잣 1큰술을 흩뿌린다.

붉은 양파와 프로슈토 타르틀렛
4개의 얇은 프로슈토 슬라이스를 찢어 조각낸다. 기본 요리법대로 준비하고 굽기 전에 프로슈토 조각을 양파 웨지 사이에 넣는다.

붉은 양파와 파 타르틀렛
기본 요리법대로 준비하되 싹둑 자른 신선한 파 1큰술을 커스터드에 휘저어 섞는다. 내기 전에 파슬리 대신 신선한 파를 조금 더 흩뿌린다.

응용

닭 간 파테와 마늘 토스트

기본 요리법은 270쪽을 보세요.

오리 간 파테

기본 요리법대로 준비하되 닭 간 대신 오리 간을 사용한다.

셰리주를 곁들인 닭 간 파테

기본 요리법대로 준비하되 브랜디 대신 셰리주를 사용한다.

파를 곁들인 닭 간 파테

기본 요리법대로 준비하되 차갑게 하기 전에 잘게 썬 쪽파 1큰술을 파테에 휘저어 섞는다. 파를 좀 더 흩뿌려 낸다.

오레가노를 곁들인 닭 간 파테

기본 요리법대로 준비하되 백리향 대신 오레가노를 사용한다.

닭 간 파테와 사워도우 * 빵

기본 요리법대로 준비하되 마늘 토스트 대신 구운 사워도우 빵 슬라이스를 파테와 함께 낸다.

* 사워도우(sourdough) : 시큼한 맛이 나게 치댄 반죽

방울토마토와 리코타, 페스토로 속을 채워 구운 피망

기본 요리법은 273쪽을 보세요.

토마토, 아티초크와 마스카폰을 곁들인 구운 피망
기본 요리법대로 준비하되 리코타 대신 마스카폰*을 사용한다.

토마토, 아티초크와 모짜렐라 치즈를 곁들인 구운 피망
모짜렐라 치즈 150g을 한입 크기로 자르고, 기본 요리법대로 준비하되 리코타 대신 모짜렐라 치즈를 사용한다.

토마토, 아티초크와 염소젖 치즈를 곁들인 구운 피망
기본 요리법대로 준비하되 리코타 대신 네모난 염소젖 치즈를 사용한다.

토마토, 아티초크와 할라페뇨를 곁들인 구운 피망
기본 요리법대로 준비하되 병에 든 할라페뇨* 2개를 잘라 토마토와 아티초크 혼합물에 추가한다.

* 마스카폰(mascarpone) : 이탈리아 롬바르디아 산의 부드럽고 순한 크림치즈
* 할라페뇨(jalapeños) : 멕시코 요리에 쓰이는 아주 매운 고추

찾아보기